信息技术基础实验指导

主　编　陈海峰　殷　美　王学卿
副主编　王萍萍

苏州大学出版社

图书在版编目(CIP)数据

信息技术基础实验指导 / 陈海峰,殷美,王学卿主编. —苏州:苏州大学出版社,2019.9(2024.9重印)
ISBN 978-7-5672-2852-8

Ⅰ.①信… Ⅱ.①陈…②殷…③王… Ⅲ.①电子计算机-高等职业教育-教学参考资料 Ⅳ.①TP3

中国版本图书馆 CIP 数据核字(2019)第 181850 号

信息技术基础实验指导

陈海峰 殷 美 王学卿 主编

责任编辑 征 慧

苏州大学出版社出版发行
(地址:苏州市十梓街1号 邮编:215006)
广东虎彩云印刷有限公司印装
(地址:东莞市虎门镇黄村社区厚虎路20号C幢一楼 邮编:523898)

开本 787 mm×1 092 mm 1/16 印张 11.75 字数 258 千
2019 年 9 月第 1 版 2024 年 9 月第 7 次印刷
ISBN 978-7-5672-2852-8 定价:32.00 元

图书若有印装错误,本社负责调换
苏州大学出版社营销部 电话:0512-67481020
苏州大学出版社网址 http://www.sudapress.com
苏州大学出版社邮箱 sdcbs@suda.edu.cn

前 言

随着信息技术的快速发展,计算机得到了迅速普及和广泛应用,掌握计算机的基本知识和操作成为人们必备的基本技能。高等学校担负着培养具有创新精神和实践能力的高级专门人才的重任。信息技术基础课程是高等学校各专业的公共基础课,该课程要求学生掌握信息技术的基本知识,掌握操作系统及办公软件的使用方法等。本书参照最新全国计算机等级考试大纲的要求,结合编者多年的教学经验,设计了一些实际案例,让读者运用所学知识解决案例中的问题,从而提高计算机相关软件应用水平。

全书共五个项目,二十个实验案例。其中 Windows 7 操作系统基本应用有五个实验案例、Word 2016 文字处理软件的使用有五个实验案例、Excel 2016 电子表格处理软件的使用有五个实验案例、PowerPoint 2016 演示文稿制作软件的使用有三个实验案例、IE 浏览器和 Outlook 2016 的使用有两个实验案例。读者通过案例的学习,达到学用结合、活学活用的目的。本书最后配有三套综合练习(往年的考试真题),读者通过实际操作,从而加深对知识点的理解。

本书由陈海峰、殷美、王学卿担任主编,王萍萍担任副主编,参加本书编写的还有洪勇军、程琦峰、苏文。

鉴于水平和经验的不足,书中难免有不妥之处,恳请广大读者批评指正。

编者

目 录

项目1　Windows 7 操作系统基本应用

实验 1-1　Windows 7 个性化设置　/ 2

实验 1-2　磁盘的管理　/ 7

实验 1-3　文件及文件夹的操作　/ 14

实验 1-4　中文输入法的安装及输入法练习　/ 22

实验 1-5　文件夹综合实验　/ 26

项目2　Word 2016 文字处理软件的使用

实验 2-1　基础编辑、页面设置　/ 30

实验 2-2　表格处理　/ 41

实验 2-3　图文混排　/ 49

实验 2-4　高级排版　/ 58

实验 2-5　综合实验　/ 68

项目3　Excel 2016 电子表格处理软件的使用

实验 3-1　工作表格式化　/ 74

实验 3-2　公式与函数练习　/ 82

实验 3-3　数据排序、筛选与分类汇总　/ 99

实验 3-4　图表操作　/ 108

实验 3-5　数据透视表　/ 120

项目4　PowerPoint 2016 演示文稿制作软件的使用

实验 4-1　制作入职培训演示文稿　/ 126

实验 4-2　使用母版增强演示文稿　/ 140

实验 4-3　使用模板制作演示文稿　/ 149

项目 5　IE 浏览器和 Outlook 2016 的使用

实验 5-1　IE 浏览器的使用　/ 154

实验 5-2　Outlook 2016 的使用　/ 157

综合练习

第一套　/ 166

第二套　/ 169

第三套　/ 171

附　　录

Windows 10 操作系统的使用　/ 175

项目 1
Windows 7 操作系统基本应用

Windows 系列操作系统界面友好、使用方便,在个人计算机中应用最为广泛。目前个人计算机中安装的操作系统大多为 Windows 系列,本项目以 Windows 7 版本为例进行学习。通过学习本项目的几个实验,读者可以了解 Windows 7 操作系统环境,掌握 Windows 7 的个性化设置方法、资源管理器的使用、磁盘的管理、文件夹的操作技术以及输入法的安装和使用方法等。

本项目实验

◇ 实验 1-1　Windows 7 个性化设置
◇ 实验 1-2　磁盘的管理
◇ 实验 1-3　文件及文件夹的操作
◇ 实验 1-4　中文输入法的安装及输入法练习
◇ 实验 1-5　文件夹综合实验

技能目标

1. 掌握 Windows 7 桌面个性化设置方法。
2. 了解磁盘清理的方法。
3. 掌握输入法的安装和使用方法。
4. 掌握文件夹的创建、移动、复制、更名等操作方法。

实验 1-1　Windows 7 个性化设置

Windows 7 系统的个性化设置功能十分强大,用户可以在个性化设置中对系统的桌面图标、桌面背景、"开始"菜单、登录帐户等进行设置。本实验将练习创建并管理帐户、设置个性化桌面、对任务栏进行操作及创建程序快捷方式等。

实验学时

2 学时。

实验目的

1. 了解 Windows 7 创建帐户的方法。
2. 掌握 Windows 7 桌面个性化设置方法。
3. 掌握 Windows 7 任务栏的操作方法。
4. 掌握 Windows 7 程序快捷方式的创建方法。

实验任务

实验前请复制"实验素材"文件夹,并放置在 D 盘根目录下。
1. 创建一个名为"Guest123"的用户帐户并登录。
2. 将"实验素材"文件夹中的"背景"图片设置为桌面背景。
3. 熟悉任务栏的操作方法。
4. 在桌面上创建一个名为"实验素材"的文件夹的快捷方式。
5. 按"修改日期"的方式排列桌面上的图标。
6. 按"大图标"的方式查看桌面上的图标。

实验步骤

1. 创建一个名为"Guest123"的用户帐户并登录。

在日常工作与生活中,经常会有多个用户共同使用一台计算机的情况出现,由于每个人的设置都会有所不同,这时就可以设置多个用户帐户分别管理操作系统,称为多用户设置。在进行多用户设置之后,使用不同用户帐户登录时,系统就会应用该帐户相应的身份

项目1 Windows 7 操作系统基本应用

设置,而不会影响到其他用户的设置。多用户设置的过程即创建用户帐户的过程。

(1)系统启动:打开计算机后,Windows 操作系统就会自动启动。启动完成后,将会出现如图1-1所示的桌面。用户在此桌面上可以进行各种操作。

图1-1 Windows 系统桌面

(2)执行"开始"→"控制面板"命令,打开"控制面板"窗口,如图1-2所示。

图1-2 Windows 控制面板窗口

(3)执行"用户帐户"→"管理其他帐户"→"创建一个新帐户"命令,此时输入新帐户名称"Guest123",并选择帐户类型为"标准用户",单击"创建帐户"按钮,此时一个新的帐户便创建完成,如图1-3所示。

(4)单击帐户"Guest123"进入更改帐户界面,如图1-4所示。此时可以进行"更改帐户名称""创建密码""更改图片"等操作。

3

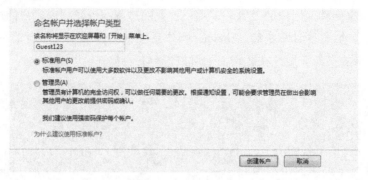

图 1-3　创建帐户

图 1-4　更改帐户

（5）执行"开始"→"关机"→"切换用户"命令，选择新创建的帐号"Guest123"登录。

2．将"实验素材"文件夹中的"背景"图片设置为桌面背景。

（1）在桌面空白处单击鼠标右键，在弹出的快捷菜单中选择"个性化"命令，打开"个性化"窗口，单击"桌面背景"命令，如图 1-5 所示。

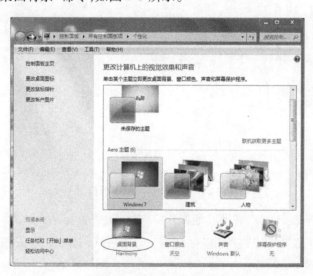

图 1-5　"个性化"窗口

（2）在如图 1-6 所示的窗口中单击"浏览"按钮，图片位置选择"实验素材\windows\实验1\背景"，勾选"背景"图片，"图片位置"选择"填充"，单击"保存修改"按钮，即完成桌面

项目1　Windows 7 操作系统基本应用

背景的修改。

图1-6　桌面背景设置窗口

3. 任务栏的操作。

（1）任务栏的移动。在任务栏上按住鼠标左键不放，拖动鼠标到屏幕四周的任意一边后释放，便可将任务栏放在屏幕的任意一边。

（2）任务栏的锁定。在任务栏空白处单击鼠标右键，在如图1-7所示的快捷菜单中，选中"锁定任务栏"命令，则任务栏将不能移动。

（3）任务栏大小的改变。将鼠标指针放在任务栏的边沿，当鼠标变成双向箭头时，移动箭头就可以改变任务栏的大小。

（4）任务栏的隐藏。右击任务栏空白处，在出现的快捷菜单中选择"属性"命令，出现如图1-8所示的对话框，单击"任务栏"选项卡，选中"自动隐藏任务栏"复选框后，单击"确定"按钮，则任务栏会隐藏。当把鼠标放在屏幕的底沿时，任务栏将会自动显示。

图1-7　锁定任务栏

图1-8　"任务栏和「开始」菜单属性"对话框

4. 在桌面上创建一个名为"实验素材"的文件夹的快捷方式。

在 Windows 系统中，快捷方式是指向文件的指针，它是与程序、文档、文件夹等相链接的一个很小的文件。双击快捷方式，就是打开与之相链接的程序、文档、文件夹等。删除和添加文件的快捷方式并不影响文件本身。

创建快捷方式有多种方法，下面介绍两种。

方法一：右键拖动的方法。双击"计算机"图标，打开"计算机"窗口，在磁盘 D 中找到"实验素材"文件夹，按下鼠标右键将其拖动到桌面空白位置，当松开鼠标时会弹出一个快捷菜单，如图 1-9 所示。选择"在当前位置创建快捷方式"命令，此时就在桌面上为该文件夹创建了一个快捷方式。

方法二：发送的方法。选中"实验素材"文件夹，在该图标上单击鼠标右键，在弹出的快捷菜单中执行"发送到"→"桌面快捷方式"命令，同样可以为该文件夹在桌面上创建一个快捷方式，如图 1-10 所示。

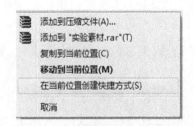

图 1-9　右键拖动创建快捷方式

图 1-10　右键菜单创建快捷方式

5. 按"修改日期"的方式排列桌面上的图标。

桌面图标是软件标识，比如 Windows 7 系统自带的图标：计算机、网络、回收站等。双击图标，就可以启动它所代表的应用程序或打开文件和文件夹。对图标进行排序，有利于用户快速地找到程序。可以按"名称""大小""项目类型""修改日期"这几种方式排列图标。

鼠标右击桌面空白处，在弹出的快捷菜单中执行"排序方式"→"修改日期"命令，如图 1-11 所示，可按"修改日期"的方式对桌面上的图标进行排序。

6. 按"大图标"的方式查看桌面上的图标。

可以按"大图标""中等图标""小图标"这几种方式查看桌面上的图标。

鼠标右击桌面空白处，在弹出的快捷菜单中执行"查看"→"大图标"命令，如图 1-12 所示，则按"大图标"的方式查看桌面上的图标。

项目1 Windows 7 操作系统基本应用

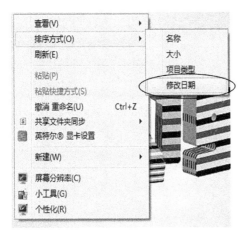

图1-11 按"修改日期"排序方式

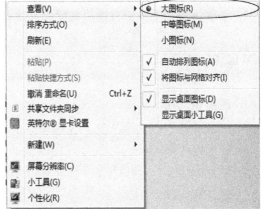

图1-12 "大图标"查看方式

图标的排列

有时,我们想让桌面上的图标移动到其他位置,但会发现拖动鼠标后一松手,图标自动回到图标序列的最后一个位置。我们可以做如下处理:在桌面空白处单击鼠标右键,在弹出的快捷菜单中取消选中"查看"→"自动排列图标"命令,就可以随意拖动图标到桌面其他位置。如果遇到桌面图标全部消失,很有可能就是"查看"里的"显示桌面图标"没有勾选。

实验1-2 磁盘的管理

在 Windows 7 系统中,磁盘的操作主要是进行计算机的文件管理和设备管理。对于磁盘的操作除了普通的存取以外,还包括对磁盘进行格式化、清理、碎片整理、扫描以及对磁盘数据进行备份与还原等。本实验将练习磁盘管理的相关操作。

2 学时。

实验目的

1. 了解磁盘格式化的方法。

7

2. 了解磁盘清理、碎片整理、磁盘扫描等操作方法。
3. 了解磁盘数据备份与还原的操作方法。

实验任务

1. 磁盘格式化。
2. 磁盘清理。
3. 磁盘碎片整理。
4. 磁盘扫描。
5. 磁盘数据备份。
6. 磁盘数据还原。

实验步骤

（可以准备一块 U 盘或移动硬盘进行实验）

1. 磁盘格式化。

对于一块新的磁盘，用户首先要对它进行格式化。所谓格式化，就是在磁盘内进行分割磁区，作内部磁区标识，以方便存取。

以 U 盘为例，进行格式化的具体操作步骤如下：

（1）在 USB 接口中插入需要格式化的磁盘，若用户需要格式化的是硬盘中的某个分区，则直接执行第（2）步即可。

（2）打开"计算机"窗口，选择要进行格式化操作的磁盘，在此由于要格式化的为 U 盘，则选择"有可移动存储的设备"。

（3）单击"文件"→"格式化"命令，或右键单击所选磁盘，在弹出的快捷菜单中选择"格式化"命令，即可弹出"格式化"对话框，如图 1-13 所示。

（4）在打开的"格式化"对话框中设置要格式化的文件系统的类型、所要分配的单元大小、卷标及格式化选项，用户可根据自身的需要进行选择，设置完毕后单击"开始"按钮即可。在此过程中会弹出警告对话框，以防止误操作，如图 1-14(a)所示。单击"确定"按钮，进行下一步。格式化结束会出现提示，如图 1-14(b)所示。

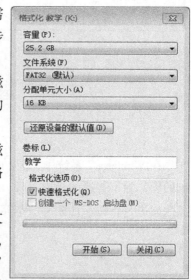

图 1-13 "格式化"对话框（一）

特别需要注意的是，由于磁盘格式化将会删除磁盘上的所有信息，在格式化磁盘之前，用户必须确认磁盘上的文件内容都可永久删除。

项目1 Windows 7 操作系统基本应用

图1-14 "格式化"对话框(二)

2. 磁盘的清理。

磁盘在使用过一段时间之后,都会产生一些临时文件、缓存文件等,而这些文件对于大部分的用户来说是无用的,这时用户可以使用磁盘清理程序释放这部分的磁盘空间,以节约磁盘空间,提高系统的性能。

打开"磁盘清理"程序,有以下两种方法。

方法一:单击"开始"按钮,执行"所有程序"→"附件"→"系统工具"→"磁盘清理"命令,在弹出的"磁盘清理:驱动器选择"对话框中选择需要清理的驱动器,单击"确定"按钮即可,如图1-15所示。

方法二:右键单击需要清理的磁盘驱动器,选择"属性"命令,在"常规"选项卡中单击"磁盘清理"按钮即可。在打开的如图1-16所示的对话框中,单击"确定"按钮,即可自动清理C盘或其他磁盘上的一些临时文件。

图1-15 "磁盘清理:驱动器选择"对话框

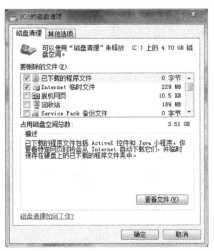

图1-16 "磁盘清理"对话框

3. 磁盘碎片的整理。

磁盘使用一段时间后,就会出现一些零散的空间和磁盘碎片。这样存放文件时文件就很可能会被存放在不同的磁盘空间中,从而影响了读取速度,对于某些程序,也会影响程序运行速度。而"磁盘碎片整理程序"就是为整理这些空间和碎片而产生的。使用"磁盘碎片整理程序",可以重新安排文件在磁盘中的存储位置,将文件的存储位置整理到一起,并使可用空间尽可能地合并在一起,提高运行速度。磁盘碎片整理要注意的一些事项请参阅本实验的"知识拓展"。

要打开"磁盘碎片整理程序"窗口,有以下两种方法。

方法一:执行"开始"→"所有程序"→"附件"→"系统工具"→"磁盘碎片整理程序"命令,打开"磁盘碎片整理程序"窗口,如图 1-17 所示。

图 1-17 "磁盘碎片整理程序"对话框

方法二:右键单击任一磁盘驱动器图标,在弹出的快捷菜单中选择"属性"命令,在"工具"选项卡中的"碎片整理"项中单击"立即进行碎片整理"按钮即可。

经过如图 1-18 所示的磁盘碎片整理过程,磁盘碎片整理即可完成。

图 1-18 磁盘碎片整理过程

4. 磁盘扫描。

在 Windows 系统中,还有一个"磁盘扫描"程序,这个程序能够对硬盘的运行状况进行适当维护,以保证硬盘的正常运行。

打开"磁盘扫描程序"的步骤如下:

(1) 选择需要进行磁盘扫描的磁盘驱动器,单击鼠标右键,在弹出的快捷菜单中选择"属性"命令。

(2) 在弹出的"属性"对话框中选择"工具"选项卡,在"查错"项中选择"开始检查"按钮,打开如图 1-19 所示的对话框,单击"开始"按钮,系统即会自动激活"磁盘扫描"程序,如图 1-20 所示。

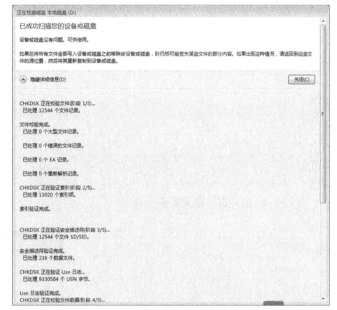

图 1-19　检查磁盘　　　　　　　　图 1-20　磁盘扫描程序

在弹出的"检查磁盘"对话框中,用户可以根据需要选择"磁盘检查选项"选项组中的各选项,然后单击"开始"按钮进行磁盘扫描,排除硬盘的各种软硬件故障,如图 1-19 所示。此外,若用户在使用系统期间出现了非正常关机,那么在下次重启时系统也会自动进行磁盘扫描。

5. 磁盘数据备份。

使用磁盘的数据备份功能会帮助用户创建硬盘信息的副本,使得硬盘上的原始数据即使被意外删除或覆盖,或由于硬盘故障而无法访问,也可以使用副本来恢复数据。

在系统中,有自带的磁盘备份程序,能够对磁盘数据进行备份。打开系统备份的程序有以下两种方法。

方法一:执行"控制面板"→"备份和还原"命令。

方法二:选择硬盘上任一磁盘,选中该磁盘,单击鼠标右键,在弹出的快捷菜单中选择

"属性"命令,再选择"工具"选项卡,在"备份"项中单击"开始备份"按钮。

通过以上操作,在弹出的窗口中单击"设置备份"图标,如图 1-21 所示,打开"设置备份"对话框,根据向导的提示逐步选择(图 1-22),并输入备份的位置及名称(一般选择移动硬盘或 U 盘进行备份),单击"下一步"按钮,会显示要备份的内容(图 1-23),单击"保存设置并运行备份"按钮,在出现的对话框中单击"下一步"按钮,再单击"完成"按钮,即可完成内容的备份。备份完成后,显示备份情况(图 1-24)。

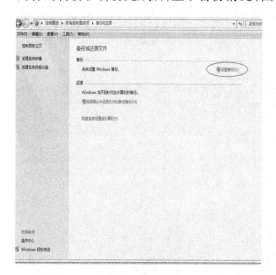

图 1-21　设置备份

图 1-22　选择要保存备份的位置

图 1-23　显示备份内容

图 1-24　显示备份情况

6. 磁盘数据还原。

对磁盘进行备份完毕后,在系统出现故障时可以用"系统还原"功能将备份的数据进行还原,应用还原功能可以将系统返回到上一个较早的时间设置,而不会丢失用户最近进行的工作。

项目 1　Windows 7 操作系统基本应用

一般来说,系统会自动创建还原点,当然,用户也可以通过手动的方式即"系统还原向导"来创建还原点,使系统还原到原来的状态。

使用"系统还原"程序还原系统的操作步骤如下:

(1) 执行"开始"→"所有程序"→"附件"→"系统工具"→"系统还原"命令。

(2) 在弹出的"系统还原"对话框(图 1-25)中,选择"将计算机还原到所选事件之前的状态"选项组中需要的时间点,单击"下一步"按钮。

(3) 在如图 1-26 所示的对话框中用户确认还原点,单击"完成"按钮还原。

　　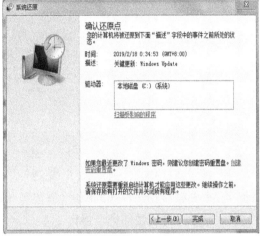

图 1-25　"系统还原"对话框(一)　　　　图 1-26　"系统还原"对话框(二)

磁盘碎片整理需要注意的一些事项

● 在进行整理之前,用户可以先对磁盘进行分析,先选择要整理的磁盘,单击"分析磁盘"按钮,分析完毕后,系统会弹出是否需要整理的对话框,若需要整理,则系统会弹出磁盘碎片整理的对话框。

● 若用户需要查看磁盘的具体分析情况,则可以单击该对话框中的"查看报告"按钮,若需要整理,则单击"碎片整理"按钮进行碎片整理,即会进入磁盘碎片整理的过程。

● 整理完毕后,会出现已完成整理后的"磁盘碎片整理程序"对话框,表示已整理完成,整理完后会另外弹出整理完提示框,单击"确定"按钮,即可结束磁盘碎片整理。

● 特别需要注意的是,对磁盘最好要定期进行整理,以保证整个系统的运行速度。用户在进行磁盘碎片整理时最好关闭其他运行程序,这样可以加快碎片整理的速度。

实验1-3 文件及文件夹的操作

在 Windows 系统中,用户对系统的操作主要是对文件和文件夹的操作。掌握了文件和文件夹的操作,用户能够对 Windows 系统更加了解,使用起来也更加灵活自如。本实验将练习文件及文件夹的相关操作。

实验学时

2 学时。

实验目的

1. 掌握文件和文件夹的创建、复制与移动操作。
2. 掌握文件和文件夹的删除、重命名和搜索等操作。
3. 掌握文件属性的修改操作。

实验任务

打开"实验素材\windows\实验3"文件夹中的"lianxi"文件夹,按下列要求进行操作。

1. 在"lianxi"文件夹中新建一个文件夹"DOWN"。
2. 将"lianxi"文件夹下"SWIN\BU12"文件夹中的文件"LEAFT"更名为"APBF",并将"SWIN"文件夹下的文件"SLOVE.txt"更名为"COPU.txt"。
3. 查找"lianxi"文件夹下"STORE"文件夹中的隐藏文件"7PF.txt",并将其隐藏属性去掉,改为"只读"属性。
4. 将"lianxi"文件夹下"SWIN"文件夹中的文件夹"BU12"复制到"STORE"文件夹下。
5. 将"lianxi"文件夹下"SWIN"文件夹中的文件"COPU.txt"移动到"HEART"文件夹下。
6. 彻底删除"lianxi"文件夹下"HEART"文件夹中的文件夹"DR"。
7. 搜索"lianxi"文件夹中所有第一个字母是"S"的文件或文件夹,搜索"lianxi"文件夹中所有第三个字母是"O"的文件或文件夹,并复制到文件夹"DOWN"中。
8. 在"lianxi"文件夹下创建一个"STORE"文件夹的快捷方式,并命名为"STORE2"。

项目 1　Windows 7 操作系统基本应用

实验步骤

1. 在"lianxi"文件夹中新建一个文件夹"DOWN"。

（1）用户可以创建新的文件夹来存放具有相同类型或相近类型的文件。通过"资源管理器"或"计算机"打开"lianxi"文件夹，如图 1-27 所示。

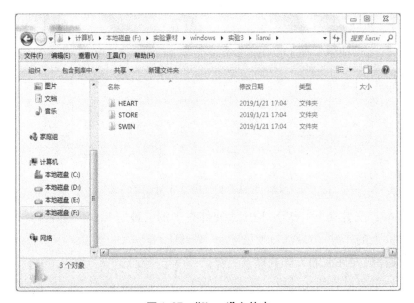

图 1-27　"lianxi"文件夹

（2）执行"文件"→"新建"→"文件夹"命令，即可新建一个文件夹（图 1-28）。或打开新建文件夹所在的窗口，右键单击任意空白处，在快捷菜单中选择"新建"→"文件夹"命令，如图 1-29 所示。将新建的文件夹命名为"DOWN"。

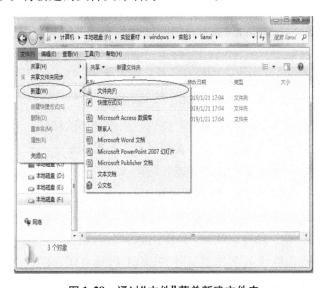

图 1-28　通过"文件"菜单新建文件夹

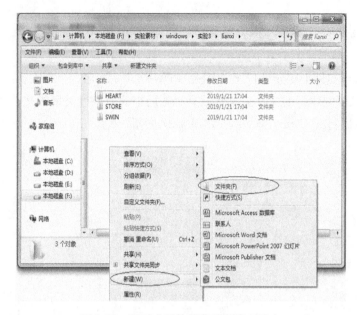

图 1-29　通过右键快捷菜单新建文件夹

2. 将"lianxi"文件夹下"SWIN\BU12"文件夹中的文件"LEAFT"更名为"APBF",并将"SWIN"文件夹下的文件"SLOVE.txt"更名为"COPU.txt"。

重命名文件或文件夹的方法有以下三种。

方法一:选定要更名的文件或文件夹,单击"文件"→"重命名"命令,此时文件或文件夹的名称处于编辑状态(蓝色反白显示),用户可直接键入新的名称进行重命名操作。

方法二:选定要更名的文件或文件夹,单击鼠标右键,在弹出的快捷菜单中选择"重命名"命令进行更名。

方法三:在文件或文件夹名称处直接单击两次(两次单击间隔时间应稍长一些,以免使其变为双击),使其处于编辑状态,而后输入新的名称进行更名。

使用上述方法中的任一种都可对文件"LEAFT"进行更名操作。

3. 查找"lianxi"文件夹下"STORE"文件夹中的隐藏文件"7PF.txt",并将其隐藏属性去掉,改为"只读"属性。

文件和文件夹具有"只读""隐藏""存档"三种属性。

(1)"只读"属性:该文件或文件夹不允许进行更改和删除操作。

(2)"隐藏"属性:该文件或文件夹在常规显示中不被显示。

(3)"存档"属性:表示已存档该文件或文件夹。

更改文件或文件夹属性的方法有以下两种。

方法一:选中要更改属性的文件或文件夹,选择"文件"→"属性"命令,即可打开"属性"对话框,如图 1-30 所示,在"常规"选项卡中进行属性设置。

方法二:选中要更改属性的文件或文件夹,单击鼠标右键,在弹出的快捷菜单中选择"属性"命令,也可打开"属性"对话框并进行设置。

项目1　Windows 7 操作系统基本应用

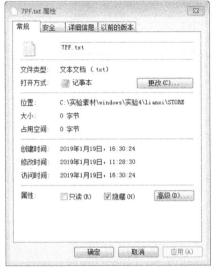

图1-30　"属性"对话框

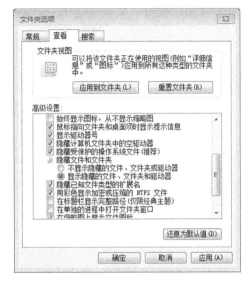

图1-31　"文件夹选项"对话框

具有"隐藏"属性的文件夹在常规显示中是不被显示的,这时我们要在"文件夹选项"对话框中进行设置。打开资源管理器窗口,选择"工具"→"文件夹选项"命令,在弹出的"文件夹选项"对话框中选择"查看"选项卡,在"高级设置"选项组中选中"显示隐藏的文件、文件夹和驱动器"单选按钮,如图1-31所示。设置结束后单击"确定"按钮,可以显示所有隐藏的文件、文件夹和驱动器。

使用上述方法中的任一种都可对文件"7PF.txt"进行属性设置。

4. 将"lianxi"文件夹下"SWIN"文件夹中的文件夹"BU12"复制到"STORE"文件夹下。

复制文件或文件夹的方法有以下三种。

方法一:选择要复制的文件或文件夹,选择"组织"→"复制"命令,到目标位置选择"组织"→"粘贴"命令即可。

方法二:选择要复制的文件或文件夹,单击鼠标右键,在弹出的快捷菜单中选择"复制"命令,如图1-32所示;到目标位置,在空白处单击鼠标右键,在弹出的快捷菜单中选择"粘贴"命令即可,如图1-33所示。

方法三:选择要复制的文件或文件夹后,用户还可使用快捷键来操作。复制操作用组合键【Ctrl】+【C】,粘贴操作用组合键【Ctrl】+【V】。

使用上述方法中的任一种将文件夹"BU12"复制到"STORE"文件夹下。

注:执行复制文件和文件夹命令后,原位置和目标位置都会有该文件或文件夹。

图 1-32 "复制"命令

图 1-33 "粘贴"命令

5. 将"lianxi"文件夹下"SWIN"文件夹中的文件"COPU.txt"移动到"HEART"文件夹下。

移动文件或文件夹的过程与复制文件或文件夹大致相同。移动文件或文件夹的方法

项目1　Windows 7 操作系统基本应用

有以下三种。

方法一：选择要移动的文件或文件夹，选择"组织"→"剪切"命令，到目标位置选择"组织"→"粘贴"命令即可。

方法二：选择要移动的文件或文件夹，单击鼠标右键，在弹出的快捷菜单中单击"剪切"命令，如图1-34所示；到目标位置，在空白处单击鼠标右键，在弹出的快捷菜单中选择"粘贴"命令即可，如图1-35所示。

图1-34　"剪切"命令

图1-35　粘贴后的效果图

方法三:选择要移动的文件或文件夹后,用户还可使用快捷键来操作。"剪切"操作可用组合键【Ctrl】+【X】,"粘贴"操作可用组合键【Ctrl】+【V】。

使用上述方法中的任一种将文件"COPU.txt"移动到"HEART"文件夹下。

注:执行剪切文件或文件夹命令后,原位置上的文件或文件夹会转移到目标位置。

6. 彻底删除"lianxi"文件夹下"HEART"文件夹中的文件夹"DR"。

当不需要文件或文件夹时,用户可以先选择要删除的文件或文件夹。删除后的文件或文件夹将被放到"回收站"中,用户可以选择将其彻底删除或还原到原来的位置。

删除文件或文件夹的方法有以下五种。

方法一:选中要删除的文件或文件夹,直接按键盘上的【Delete】键,弹出"删除文件"(或"删除文件夹")对话框,如图1-36所示,单击"是"按钮;若要取消本次删除操作,可单击"否"按钮。

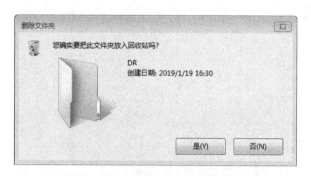

图1-36 "删除文件夹"对话框

方法二:打开要删除的文件,单击"文件"菜单中的"删除"命令。

方法三:单击选中要删除的文件,选择"组织"→"删除"命令。

方法四:右键单击要删除的对象,在弹出的快捷菜单中选择"删除"命令。

方法五:直接将要删除的对象用鼠标左键拖到"回收站"中。

注:选中要删除的文件或文件夹,按【Shift】+【Delete】键,可以彻底删除文件或文件夹。

使用上述方法中的任一种将文件夹"DR"删除。

7. 搜索"lianxi"文件夹中所有第一个字母是"S"的文件或文件夹,搜索"lianxi"文件夹中所有第三个字母是"O"的文件或文件夹,并复制到文件夹"DOWN"中。

(1) 选择搜索的范围,打开"lianxi"文件夹。

(2) 在右上角的搜索文本框中输入"S",会自动搜索出当前文件夹下所有第一个字母是S的文件或文件夹,如图1-37所示。

(3) 在右上角的搜索文本框中输入"?? O*.*",会搜索出当前文件夹下所有第三个字母是O的文件或文件夹。通配符"?"表示一个字符,通配符"*"表示0个或多个字符,如图1-38所示。

(4) 分别选中搜索到的文件或文件夹,并复制到文件夹"DOWN"中。

项目1　Windows 7 操作系统基本应用

图1-37　搜索"S"的结果

图1-38　搜索"O"的结果

8. 在"lianxi"文件夹下创建一个"STORE"文件夹的快捷方式,并命名为"STORE2"。

快捷方式是 Windows 系统提供的一种快速启动程序、打开文件或文件夹的方法。它是应用程序的快速链接。

具体操作步骤如下:

(1) 打开"lianxi"文件夹。

(2) 在空白处单击鼠标右键,在弹出的快捷菜单中选择"新建"→"快捷方式"命令,如图 1-39 所示。

(3) 在打开的"创建快捷方式"对话框中单击"浏览"按钮,选取"STORE"文件夹,如图 1-40 所示。

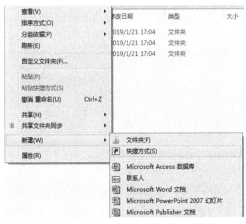

图1-39　"快捷方式"命令

图1-40　"创建快捷方式"对话框

(4) 单击"下一步"按钮,在文本框中输入快捷方式的新名称"STORE2",单击"完成"按钮,结果如图 1-41 所示。

图 1-41　创建快捷方式的结果

> **知识拓展**
>
> **关于文件和文件夹的命名的规则**
>
> 文件是一组相关信息的集合，集合的名称就是文件名。任何程序和数据都以文件的形式存放在计算机的外存储器中。文件使得系统能够区分不同的信息集合，每个文件都有文件名。Windows 系统正是通过文件名来识别和访问文件的。
>
> - 文件和文件夹的命名最长可达 255 个西文字符，其中还可以包含空格。
> - 文件名由主文件名和扩展名两部分组成。主文件名简称文件名，可以使用大写字母 A~Z、小写字母 a~z、数字 0~9、汉字和一些特殊符号，但不能包括下列字符：\、/、:、?、*、"、<、>、|、!、@、#、$、%、^、& 等。
> - 文件可以有扩展名，扩展名通常用来表示文件的类型。不同类型的文件，在 Windows 窗口中用不同的图标显示，相同类型文件图标形式相同。文件的扩展名通常由创建该文件的软件自动生成。
> - 英文字母不区分大小写。例如，abc.dat 和 ABC.DAT 是同一个文件。
> - 查找和显示文件和文件夹时，可以使用通配符"*"和"?"。其中，"*"表示一串字符，"?"表示一个字符。
> - 在 Windows 中，文件夹和文件的命名规则相同，要注意在同一个文件夹中的文件或子文件夹不能同名。

实验1-4　中文输入法的安装及输入法练习

中文输入是计算机进行汉字处理的前提，其中用键盘输入是最常见的。通过本实验，读者可掌握常用中文输入法的安装方法，通过学习和使用输入法，在后续 Word 文字处理软件的学习中能够更加高效地完成文章的录入工作。本实验将进行中文输入法的安装及输入法练习。

实验学时

2 学时。

实验目的

1. 掌握中文输入法的安装方法。
2. 掌握一种中文输入法,能达到 20 字/分的输入速度。

实验任务

1. 安装微软拼音 ABC 输入法。
2. 新建一个文本文档,使用微软拼音 ABC 或其他输入法录入如图 1-42 所示的文章。
3. 将文章以文件名"daxuesheng.txt"保存在"实验素材\windows\实验 4"文件夹下。

图 1-42　在"记事本"窗口中录入文章

实验步骤

1. 安装微软拼音 ABC 输入法。

要添加某个输入法,首先需要安装对应的输入法,然后在"文本服务和输入语言"对话框中进行添加。此对话框可以通过以下两种方法打开。

方法一:执行"控制面板"→"区域和语言"→"键盘和语言"→"更改键盘"命令,可弹出"文本服务和输入语言"对话框。

方法二:右键单击任务栏右侧的"语言栏",在弹出的快捷菜单中选择"设置"命令即可。通过以上操作,可弹出"文本服务和输入语言"对话框,如图 1-43 所示,单击"添加"按钮,即可弹出"添加输入语言"对话框,如图 1-44 所示,选择需要的输入法语言,单击"确定"按钮即可。

在任务栏的右下角单击输入法图标,可以看到新安装的输入法,如图 1-45 所示。通过鼠标选择或者使用组合键【Ctrl】+【Shift】进行输入法的切换。

图 1-43 "文本服务和输入语言"对话框　　图 1-44 "添加输入语言"对话框

2. 新建一个文本文档,使用微软拼音 ABC 或其他输入法录入如图 1-42 所示的文章。

(1) 执行"开始"→"所有程序"→"附件"→"记事本"命令(图 1-46),打开"记事本"窗口,如图 1-47 所示。

(2) 切换输入法,参照第 1 步。

(3) 在"记事本"窗口中录入如图 1-42 所示的文章。

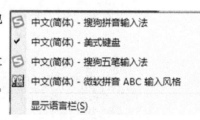

图 1-45 输入法

图 1-46 "附件"菜单

图 1-47 "记事本"窗口

3. 将文章以文件名"daxuesheng.txt"保存在"实验素材\windows\实验 4"文件夹下。

(1) 在"记事本"窗口中选择"文件"→"保存"命令,弹出"另存为"对话框,如图 1-48

所示。

图 1-48 "另存为"对话框

（2）输入文件名"daxuesheng"，单击"保存"按钮。

（3）选择"文件"→"退出"命令或单击  按钮，关闭"记事本"窗口。

知识拓展

关于切换输入法的几种方法

当输入法安装完毕要使用输入法时，经常要对输入法进行切换使用。切换输入法有以下几种方法。

方法一：单击任务栏右侧的"语言栏"，在弹出的快捷菜单（图1-45）中选择要使用的输入法即可。

方法二：按快捷键【Ctrl】+【Shift】切换不同的输入法，可选择需要的输入法。

要在中/英文状态间切换，则按快捷键【Ctrl】+空格键。

要在输入法全角/半角状态间切换，一般按【Shift】+空格键。个别输入法在输入法图标上即有切换全角/半角的按钮。以输入法搜狗五笔为例，按钮上显示一黑圆点时表示为全角方式，当按钮上显示为一月牙形时则表示为半角方式，如图1-49所示。在全角方式下，输入的英文字母、数字、标点符号需占一个汉字的宽度（两个字节），而在半角方式下则只占一个字节。

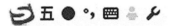

图 1-49 搜狗五笔输入法的全角/半角按钮

实验1-5　文件夹综合实验

本实验中给出六套文件及文件夹基本操作题,希望读者多加练习,熟练操作。

实验学时

2学时。

实验目的

1. 掌握文件和文件夹的创建方法。
2. 掌握文件和文件夹的移动、复制、删除、更名和查找等操作方法。
3. 掌握文件属性的设置方法。

实验任务

第1套（打开实验素材\windows\综合实验\第一套）

1. 将"考生文件夹"下"EXTRA"文件夹中的文件夹"KUB"删除。
2. 在"考生文件夹"下的"LEO"文件夹中建立一个名为"POKH"的新文件夹。
3. 将"考生文件夹"下"RUM"文件夹中的文件"PASE.BMP"设置为"只读"和"隐藏"属性。
4. 将"考生文件夹"下"JIMI"文件夹中的文件"FENE.PAS"移动到"考生文件夹"下的"MUDE"文件夹中。
5. 将"考生文件夹"下"SOUP\HYR"文件夹中的文件"BASE.FOR"再复制一份,并将新复制的文件改名为"BASE.PAS"。
6. 将"考生文件夹"下"SQEY"文件夹中的文件"NEX.C"更名为"PIER.BAS"。

第2套（打开实验素材\windows\综合实验\第二套）

1. 将"考生文件夹"下"CAI"文件夹中的文件"NEWFILE.BAS"更名为"FILE1.MAP"。
2. 将"考生文件夹"下"SKIP"文件夹中的文件夹"GAP"复制到"考生文件夹"下的"EDOS"文件夹下,并更名为"GUN"。
3. 将"考生文件夹"下"GOLDEER"文件夹中的文件"DOSZIP.OLD"的"只读"和"存档"属性撤消。
4. 在"考生文件夹"下的"YELLOW"文件夹中建立一个名为"GREEN"的新文件夹。

项目 1　Windows 7 操作系统基本应用

5. 将"考生文件夹"下"ACCES\POWER"文件夹中的文件"NKCC. FOR"移动到"考生文件夹"下"NEXON"文件夹中。

6. 将"考生文件夹"下的"BLUE"文件夹删除。

第 3 套（打开实验素材\windows\综合实验\第三套）

1. 将"考生文件夹"下"JEMOVIE"文件夹中的文件"ISOP. NEW"删除。

2. 在"考生文件夹"下"JSR\HQXQ"文件夹中建立一个名为"MYDOC"的新文件夹。

3. 将"考生文件夹"下"FES\ZAP"文件夹中的文件"MAP. PAS"复制到"考生文件夹"下"BOOM"文件夹中。

4. 将"考生文件夹"下"WEF"文件夹中的文件"MICRO. OLD"设置成"隐藏"和"存档"属性。

5. 将"考生文件夹"下"DEEN"文件夹中的文件"MONIE. FOX"移动到"考生文件夹"下"KUNN"文件夹中，并改名为"MOON. IDX"。

6. 将"考生文件夹"下"CAD"文件夹中的文件"BUILD. FPR"更名为"SETUP. PAS"。

第 4 套（打开实验素材\windows\综合实验\第四套）

1. 将"考生文件夹"下"SEED"文件夹的"只读"属性撤消，并设置成"存档"属性。

2. 将"考生文件夹"下的"CHALEE"文件夹移动到"考生文件夹"下"BROWN"文件夹中，并改名为"TOMIC"。

3. 将"考生文件夹"下的"ZIIP"文件夹更名为"KUNIE. BAK"。

4. 将"考生文件夹"下"FXP\VUE"文件夹中的文件"JOIN. CDX"移动到"考生文件夹"下的"AUTUMN"文件夹中，并更名为"ENJOY. BPX"。

5. 将"考生文件夹"下"GATS\IOS"文件夹中的文件"JEEN. BAK"删除。

6. 在"考生文件夹"下建立一个名为"RUMPE"的文件夹。

第 5 套（打开实验素材\windows\综合实验\第五套）

1. 将"考生文件夹"下"ASD\KBF"文件夹中的文件"OPTIC. BAS"复制到"考生文件夹"下的"USER"文件夹中，并将该文件改名为"DREAM. WPS"。

2. 将"考生文件夹"下"METER"文件夹中的文件"HFINOH. PAS"删除。

3. 将"考生文件夹"下含有文件"HORSE. BAS"的文件夹"HAS"移动到"考生文件夹"下的"MINI"文件夹中。

4. 在"考生文件夹"下的"ASER"文件夹中建立一个新文件夹"URER"。

5. 将"考生文件夹"下"BEEP\SOLD"文件夹中的文件"POOP. FOR"的"存档"属性撤消，并设置为"隐藏"属性。

6. 将"考生文件夹"下"CATER"文件夹中的文件"TEERY. WPS"更名为"WON. BAK"。

第 6 套（打开实验素材\windows\综合实验\第六套）

1. 在"考生文件夹"下新建"YU"和"YU2"文件夹。

2. 将"考生文件夹"下"EXCEL"文件夹中的文件夹"DA"移动到"考生文件夹"下的"KANG"文件夹中，并将该文件夹重命名为"ZUO"。

3. 搜索"考生文件夹"下的"HAP.TXT"文件,然后将其删除。

4. 为"考生文件夹"下"JPG"文件夹中的"DUBA.TXT"建立名为"RDUBA"的快捷方式,并存放在"考生文件夹"下。

5. 在"考生文件夹"下搜索所有第二个字母为"B"的文件,并将其复制到文件夹"YU"中。

项目 2
Word 2016 文字处理软件的使用

  Microsoft Word 2016 是微软公司的办公软件 Microsoft Office 2016 的组件之一。Word 2016 提供了文件管理、文字编辑、版面设计、表格处理、图形处理等多种功能,适用于多种文档的编辑排版,如新闻、公文、传真、简历、网页等,提高了人们的办公质量和效率。本项目通过五个实验的练习,帮助读者掌握文字处理的基本排版方法,表格及图表的使用,图文混排及绘图工具的使用,论文等长文档的排版等。通过这些实验,读者不但能够掌握全国计算机等级考试上机操作的知识点,也可以把所学技能应用到实践中。

本项目实验

- ◇ 实验 2-1 基础编辑、页面设置
- ◇ 实验 2-2 表格处理
- ◇ 实验 2-3 图文混排
- ◇ 实验 2-4 高级排版
- ◇ 实验 2-5 综合实验

技能目标

1. 掌握 Word 的基础编辑方法。
2. 掌握表格的建立、编辑和修改。
3. 掌握图文混排的方法。
4. 掌握常用高级排版的技能。

思维导图

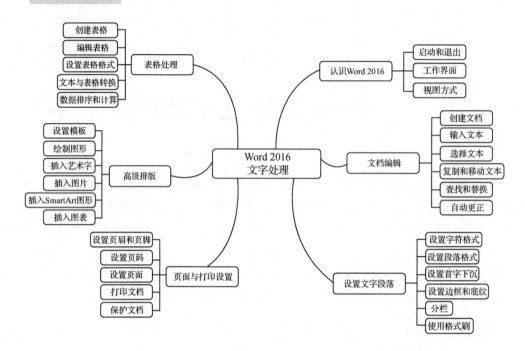

实验 2-1 基础编辑、页面设置

本实验通过一份新闻简报的格式设置,使读者掌握 Word 2016 的基础编辑及页面设置技巧。

实验案例

制作一份新闻简报。

实验学时

2学时。

实验目的

1. 掌握 Word 2016 中文档的创建和保存方法。
2. 掌握文字与段落的格式化设置方法。

项目 2　Word 2016 文字处理软件的使用

3．掌握查找与替换、首字下沉、分栏、项目符号等的设置方法。
4．掌握页眉、页脚的设置方法。

实验任务

制作一份新闻简报，排版效果如图 2-1 所示。（相关素材在"实验素材\Word\实验 1"文件夹中）

图 2-1　"新闻稿"效果图

图 2-2　"新闻稿"原图

1．启动 Word 2016，打开文件"新闻稿.docx"，如图 2-2 所示。

2．在文档上方插入主标题"新闻简报"，并设置格式为黑体、一号、加着重号、字符间距加宽 1 磅，文本效果为"填充-白色；轮廓-水绿色，主题色 5；阴影"，添加黄色底纹，居中显示。

3．在主标题下插入一行，添加文章的副标题"习近平在全国教育大会上发表重要讲话"。设置其格式为仿宋、三号、加粗、红色，字符间距加宽 2 磅，居中显示。

4．在标题下方添加文字"编辑：王芳"，设置其格式字体为华文新魏、小四。

5．设置正文字体为仿宋、五号，删除所有空行。

6．将正文中所有"教育"设置为红色、加粗、加着重号。

7．设置正文首行缩进，行距为固定值 17 磅。

8．为文章中最后四段添加黑色圆点的项目符号，并调整左侧缩进为 0 厘米，段后间距为 0.5 行。

9. 设置正文文字为等宽两栏、栏间加分隔线。

10. 为第一段设置"首字下沉",下沉2行,字体为黑体。

11. 在文中"13亿"处添加脚注,内容为"数据统计截止到2018年12月。"

12. 在页面底端插入页码,样式为"Ⅰ,Ⅱ,Ⅲ,…"。

13. 设置整篇文档上、下页边距均为2厘米,左、右页边距均为3厘米,每页43行。

14. 为整篇文档添加"艺术型"页面边框,并添加图片"Beijing"为水印。

15. 以文件名"新闻稿(排版).docx"保存文档。

实验步骤

1. 启动Word 2016,打开文件"新闻稿.docx"。

(1)启动Word 2016:执行"开始"→"所有程序"→"Microsoft Office"→"Microsoft Office Word 2016"命令。

(2)单击"文件"选项卡下的"打开"中的"浏览"图标,打开"打开"对话框,找到"实验素材\Word\实验1"文件夹,双击"新闻稿.docx"文件。

2. 在文档上方插入主标题"新闻简报",并设置格式为黑体、一号、加着重号、字符间距加宽1磅,文本效果为"填充-白色;轮廓-水绿色,主题色5;阴影",添加黄色底纹,居中显示。

(1)插入一个空行:将光标移至文档最开头,按【Enter】键,光标定位于空出的第一行。

(2)输入标题"新闻简报"。

(3)选中标题有以下三种方法。

方法一:按住鼠标左键不放,从"新"字拖动到"报"字,选中标题。

方法二:将光标定位在标题任意位置,连续单击鼠标左键三次,选中标题。

方法三:将光标移到文档左侧,当其变成 ⇗ 时,单击鼠标左键,选中标题。

(4)设置黑体、一号、加着重号、字符间距加宽1磅,有以下两种方法。

方法一:选中标题,单击"开始"选项卡,单击"字体"组中的快捷按钮进行设置,如图2-3所示。

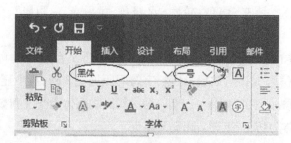

图2-3 "字体"组

方法二:选中标题并右击,在弹出的快捷菜单中选择"字体"命令,在弹出的"字体"对话框中进行设置,如图2-4所示。将"中文字体"设置为"黑体","字号"设置为"一号",选择着重号"."。单击"高级"选项卡,如图 2-5 所示。将"间距"设置为"加宽","磅值"设置为"1 磅",单击"确定"按钮。

图 2-4 "字体"对话框中的"字体"选项卡

图 2-5 "字体"对话框中的"高级"选项卡

（5）设置文本效果为"填充-白色;轮廓-水绿色,主题色 5;阴影":找到"字体"组,单击文本效果和版式按钮 ,在下位列表框中选择第 1 行的第 4 个,如图 2-6 所示。

（6）添加黄色底纹:选择"开始"选项卡,在"段落"组中单击"边框"按钮右边的下拉按钮,在下拉列表框中选择"边框和底纹"命令,打开"边框和底纹"对话框,单击"底纹"选项卡,在其中进行设置,如图 2-7 所示。注意"应用于"应选择"文字"。

图 2-6 设置文字效果

图 2-7 "边框和底纹"对话框

（7）将标题居中显示：选中标题，在"段落"组中单击"居中"按钮　。

3. 在主标题下插入一行，添加文章的副标题"习近平在全国教育大会上发表重要讲话"。设置其格式为仿宋、三号、加粗、红色，字符间距加宽 2 磅，居中显示。

（1）在主标题下插入一空行，输入文章的副标题"习近平在全国教育大会上发表重要讲话"。

（2）选中副标题，选择"开始"选项卡，单击"字体"组栏右下角的对话框启动器按钮　，弹出"字体"对话框。将中文字体设置为"仿宋"，字号设置为"三号"，字形设置为"加粗"，字体颜色设置为"红色"，单击"高级"选项卡，将"间距"设置为"加宽"，磅值设置为"2 磅"。

（3）选中副标题，单击"段落"组中的"居中"按钮　。

4. 在标题下方添加文字"编辑：王芳"，设置其格式字体为华文新魏、小四。

操作步骤同上，要注意按回车键后增加一行，Word 会自行把上一行的格式顺延到新行，这时需要把格式清除掉。

格式清除的方法是：将光标放在插入的空行，单击"开始"选项卡，在"样式"组中单击"其他"下拉按钮，在下拉列表中选择"清除格式"命令，如图 2-8 所示。

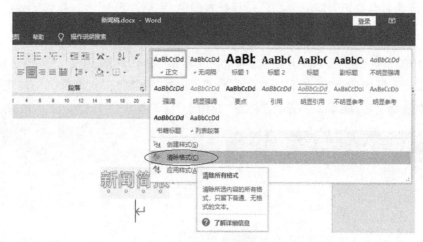

图 2-8　清除格式

5. 设置正文字体为仿宋、五号，删除所有空行。

操作步骤同上。

6. 将正文中所有"教育"设置为红色、加粗、加着重号。

（1）将光标定位在正文开头。

（2）选择"开始"选项卡，在"编辑"组中单击"替换"按钮，打开"查找和替换"对话框，如图 2-9 所示。

（3）选择"替换"选项卡，单击"更多"按钮，打开全部对话框。在"查找内容"中输入"教育"，在"替换为"中输入"教育"，单击"格式"按钮，在打开的列表中选择"字体"命令，在弹出的"查找字体"对话框中设置字体颜色为"红色"、字形为"加粗",加着重号,单击"确定"按钮。返回"查找和替换"对话框,选择"搜索"选项为"向下"。单击"全部替换"按钮,出现如图2-10所示的对话框,表示全部替换完成;对话框出现提示"是否继续从头搜索?",单击"否"按钮,返回"查找和替换"对话框,单击"关闭"按钮。

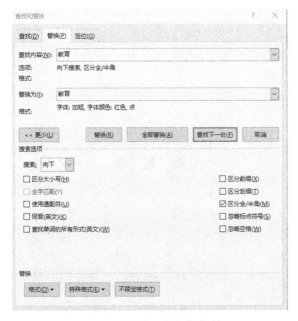

图2-9 "查找和替换"对话框

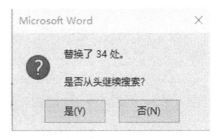

图2-10 查找和替换结果

7. 设置正文首行缩进,行距为固定值17磅。

选中所有正文,单击"开始"选项卡下的"段落"组右下角的对话框启动器按钮 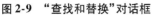,弹出"段落"对话框,如图2-11所示。将"特殊"设置为"首行",设置"行距"为"固定值","设置值"为"17磅"。

8. 为文章中最后四段添加黑色圆点的项目符号,并调整左侧缩进为0厘米,段后间距为0.5行。

(1) 选中最后四个段落,单击"段落"组中的"项目符号"图标,选择黑色圆点项目符号,如图2-12所示。

(2) 打开"段落"对话框,设置左侧缩进为"0字符",段后间距为"0.5行",单击"确定"按钮。

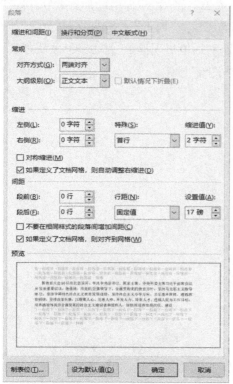

图2-11 "段落"对话框

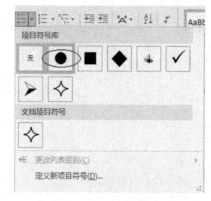

图2-12 "项目符号"列表

9. 设置正文文字为等宽两栏、栏间加分隔线。

(1) 将正文全部选中。

(2) 单击"布局"选项卡下的"页面设置"组中的"栏"按钮,在下拉菜单中选择"更多分栏"命令,打开"栏"对话框,如图2-13所示。设置栏数为"2",选中"分隔线"复选框,单击"确定"按钮。

(3) 文档分栏后各栏可能会不在一个水平线上,差距很大,版面不协调。这时可对分栏高度进行调节。将光标移至需要平衡栏的结尾处(文章末尾),选择"布局"选项卡下的"页面设置"组中的"分隔符"按钮,在下拉菜单中选择"分节符"→"连续"命令,就可以得到等高的分栏效果,如图2-14所示。

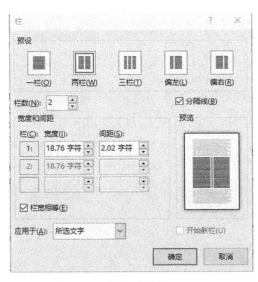

图 2-13　“栏”对话框

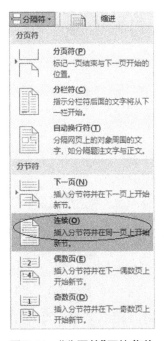

图 2-14　“分隔符”下拉菜单

10. 为第一段设置“首字下沉”，下沉 2 行，字体为黑体。

选中第一段首字（或光标定位在第一段任意位置），单击“插入”选项卡下的“文本”组中的“首字下沉”按钮，在下拉菜单中选择“首字下沉选项”命令，弹出“首字下沉”对话框，将“位置”设置为“下沉”，“字体”设置为“黑体”，“下沉行数”设置为“2”，如图 2-15 所示。首字下沉效果如图 2-16 所示。

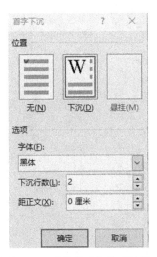

图 2-15　“首字下沉”对话框

全国教育大会 10 日在北京召开。中共中央总书记、国家主席、中央军委主席习近平出席会议并发表重要讲话。他强调，在党的坚强领导下，全面贯彻党的教育方针，坚持马克思主义指导地位，坚持中国特色社会主义教育发展道路，坚持社会主义办学方向，立足基本国情，遵循教育规律，坚持改革创新，以凝聚人心、完善人格、开发人力、培育人才、造福人民为工作目标，培养德智体美劳全面发展的社会主义建设者和接班人，加快推进教育现代化、建设教育强国、办好人民满意的教育。

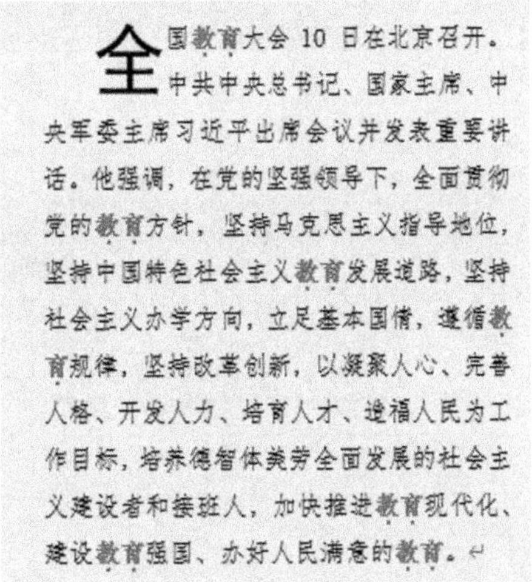

图 2-16　首字下沉效果

11. 在文中“13 亿”处添加脚注，内容为“数据统计截止到 2018 年 12 月”。

将光标定位在“13 亿”后面，单击“引用”选项卡下的“脚注”组中的“插入脚注”按钮，如图 2-17 所示,此时光标落在文章最后面,在数字 1 后面输入脚注内容"数据统计截止到 2018 年 12 月",效果如图 2-18 所示。

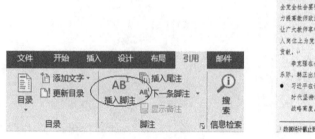

图 2-17 "插入脚注"按钮   图 2-18 脚注效果

12. 在页面底端插入页码,样式为"Ⅰ,Ⅱ,Ⅲ,…"。

(1)单击"插入"选项卡下的"页眉和页脚"组中的"页码"按钮。

(2)在"页码"下拉列表中选择"页面底端"→"普通数字 2"命令,插入页码。

(3)此时出现"设计"选项卡,在"页眉和页脚"组中继续单击"页码"按钮,在下拉列表中选择"设置页码格式",如图 2-19 所示,打开"页码格式"对话框,如图 2-20 所示,设置编号格式为"Ⅰ,Ⅱ,Ⅲ,…"。单击"设计"选项卡中"关闭页眉和页脚"按钮或双击文章空白处,退出页眉和页脚的编辑状态。

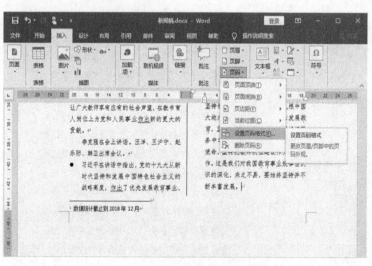

图 2-19 选择"设置页码格式"菜单   图 2-20 "页码格式"对话框

13. 设置整篇文档上、下页边距均为 2 厘米,左、右页边距均为 3 厘米,每页 43 行。

(1)单击"布局"选项卡下的"页面设置"组右下角的对话框启动器按钮，弹出"页面设置"对话框,如图 2-21 所示。

(2)在"页面设置"对话框中选择"页边距"选项卡,将"上""下"均设置为"2 厘米","左""右"均设置为"3 厘米","应用于"设置为"整篇文档"。切换到"文档网格"选项卡,在"网格"选项组中选择"只指定行网格"单选按钮,设置行数为每页 43 行,如图 2-22 所示。单击"确定"按钮。

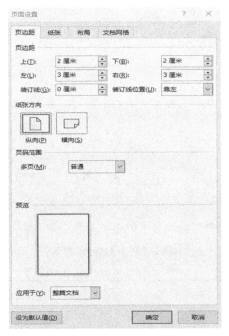 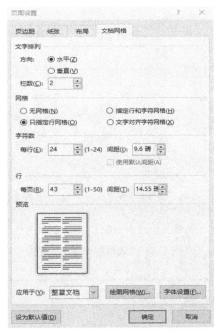

图 2-21 "页面设置"对话框中的"页边距"选项卡　　图 2-22 "页面设置"对话框中的"文档网格"选项卡

14. 为整篇文档添加"艺术型"页面边框,并添加图片"Beijing"为水印。

(1)单击"设计"选项卡下的"页面背景"组中的"页面边框"按钮,弹出"边框和底纹"对话框。

(2)在"边框和底纹"对话框中选择"页面边框"选项卡,在"艺术型"下拉列表中选择一种艺术边框,设置"宽度"为"10 磅","应用于"设置为"整篇文档",如图 2-23 所示,单击"确定"按钮。

(3)单击"设计"选项卡下的"页面背景"组中的"水印"按钮,在下拉菜单中选择"自定义水印",弹出"水印"对话框。

(4)在"水印"对话框中选择"图片水印"选项,单击"选择图片"按钮打开"插入图片"对话框,找到"实验素材"中的图片"beijing",取消"冲蚀"勾选,单击"确定"按钮。

15. 以文件名"新闻稿(排版).docx"保存文档。

(1)选择"文件"→"另存为"命令,弹出"另存为"对话框。

（2）在"另存为"对话框中，选择"保存位置"（"实验素材\Word\实验1"文件夹），输入文件名"新闻稿(排版).docx"，单击"保存"按钮，如图 2-24 所示。

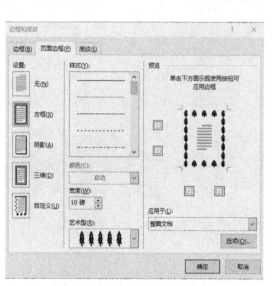

图 2-23 "边框和底纹"对话框

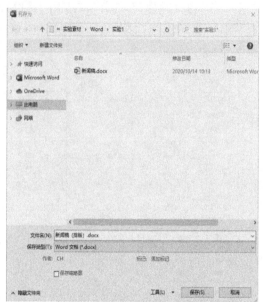

图 2-24 "另存为"对话框

1. 磅的含义

行高的单位"磅"，本来是印刷行业使用的长度单位，且有 1 英寸 ≈ 72 磅，但在 Windows 系统中，微软把它确定为 1 英寸 = 72 磅，这样，它与英寸、厘米的换算关系就是：72 磅 = 1 英寸 = 2.54 厘米。

2. 脚注与尾注的区别

脚注和尾注都是对文本的补充说明：脚注一般位于页面的底部，可以作为文档某处内容的注释；尾注一般位于文档的末尾，列出引文的出处等。

3. 预设颜色的文字效果设置

预设颜色的文字效果在"字体"对话框中的"高级"选项卡里可以选择。比如设置文字效果为"雨后初晴"：选择文字，打开"字体"对话框，选择"高级"选项卡，单击"文字效果"按钮，打开"设置文本效果格式"对话框，单击"文本填充"中的"预设渐变"菜单下拉按钮，"预设渐变"选择"顶部聚光灯-个性色"。

4. 替换中的注意事项

查找与替换不仅能替换文字的内容，还可以统一设置指定文字的格式。如果替换内容的格式设置错误，可以单击"不限定格式"将格式取消。替换的时候要注意搜索的范围和光标在文档中的位置。

实验 2-2　表格处理

为了使文档中的数据表示简洁明了、形象直观,应用表格处理技术是最好的选择。在本实验中,将着重运用表格及图表来突出文章的内容。

实验案例

制作一份"2018 年中国智能家电行业销售情况分析报告"。

实验学时

2 学时。

实验目的

1. 掌握表格的创建方法。
2. 掌握表格格式化操作技术。
3. 掌握表格中公式和函数的使用方法。

实验任务

制作一份"2018 年中国智能家电行业销售情况分析报告",排版效果如图 2-25 所示。(相关素材在"实验素材\Word\实验 2"文件夹中)

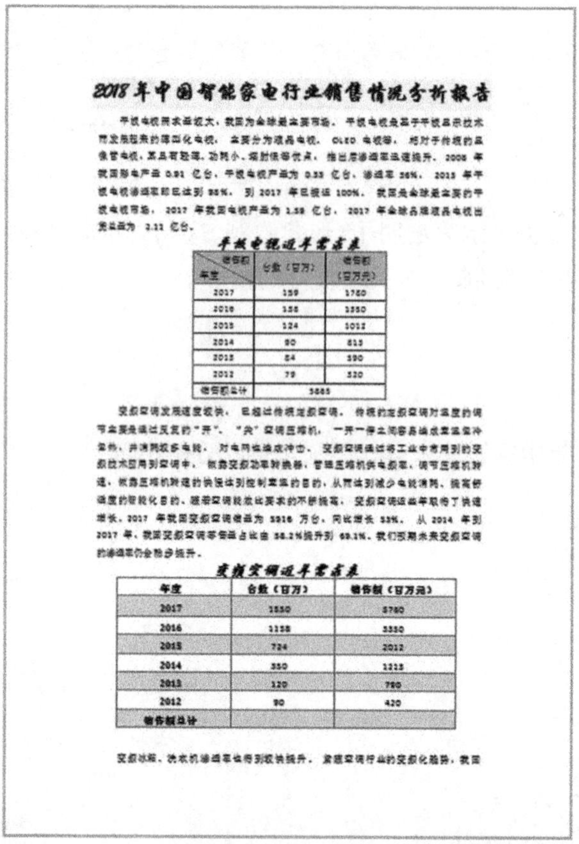

图 2-25 "2018 年中国智能家电行业销售情况分析报告"效果图

1. 打开"2018 年中国智能家电行业销售情况分析.docx"文档。
2. 设置文档标题字体为华文行楷,字号为小二号,加粗,居中对齐,加黄色字符底纹。
3. 设置正文各段字体为楷体,字号为小四,阴影效果为"右下斜偏移"。
4. 设置正文各段字符间距加宽 0.3 磅。
5. 设置正文各段首行缩进 2 字符,左、右缩进均为 0.6 字符;行距为固定值 18 磅。
6. 在第一段下方输入表格名称"平板电视近年需求表"。设置其字体为华文行楷,字号三号、加粗、倾斜并居中。
7. 插入表格并居中。
8. 在表格最后增加一行,输入"销售额总计"。
9. 合并单元格。
10. 在表格左上角单元格内加入斜线表头,行标题为"销售额",列标题为"年度"。
11. 设置表格内容的对齐方式为水平居中。
12. 设置表格外框线为 1.5 磅红色单实线,内框线为 1 磅蓝色单实线,表头下框线为 1.5 磅红色单实线,深色底纹 25%,斜线边框为 1.5 磅红色单实线。
13. 按销售额从高到低进行排序。

14. 利用公式统计销售额总计。

15. 在文中插入文本文件"近几年变频空调销售情况表"并转换为表格,设置表格样式为"网络表 2"。

16. 保存文件。

实验步骤

1. 打开"2018 年中国智能家电行业销售情况分析.docx"文档。
步骤略。

2. 设置文档标题字体为华文行楷,字号为小二号,加粗,居中对齐,加黄色字符底纹。
步骤略,排版后的标题效果如图 2-26 所示。

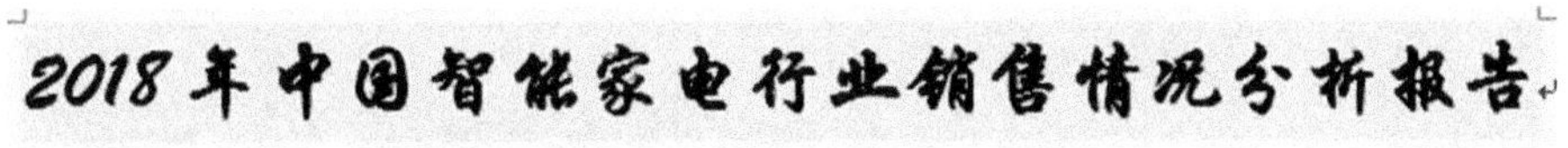

图 2-26 排版后的标题效果图

3. 设置正文各段字体为楷体,字号为小四,阴影效果为"右下斜偏移"。
(1) 选中正文。
(2) 单击"字体"组右下角的对话框启动器按钮 ,弹出"字体"对话框。
(3) 选择"字体"选项卡,单击"文字效果"按钮,打开"设置文本效果格式"对话框,选中"阴影",在"预设"中选择"偏移:右下",如图 2-27 所示。

4. 设置正文各段字符间距加宽 0.3 磅。
(1) 选中正文。
(2) 单击"字体"组右下角的对话框启动器按钮 ,弹出"字体"对话框。
(3) 在"字体"对话框中选择"高级"选项卡,在"字符间距"组中选择"间距"中的"加宽",磅值输入"0.3 磅",如图 2-28 所示。

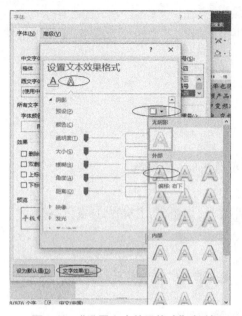

图 2-27 "设置文本效果格式"对话框　　图 2-28 "字体"对话框中的"高级"选项卡

5. 设置正文各段首行缩进 2 字符,左、右缩进均为 0.6 字符;行距为固定值 18 磅。

(1) 选中正文。

(2) 单击"段落"组右下角的对话框启动器按钮 ![btn]，弹出"段落"对话框。

(3) 在"段落"对话框中,设置特殊格式为"首行",缩进值为"2 字符",设置左侧缩进"0.6 字符",右侧缩进"0.6 字符";行距为"固定值",设置值为"18 磅",如图 2-29 所示。

图 2-29 "段落"对话框

6. 在第一段下方输入表格名称"平板电视近年需求表"。设置其字体为华文行楷,字号三号、加粗、倾斜并居中。

步骤略。

7. 插入表格并居中。

(1) 单击"插入"选项卡下的"表格"组中的"表格"按钮,鼠标拖动选择 3×7 表格;或选择"绘制表格"手动绘制表格;或单击"插入表格"命令弹出"插入表格"对话框,插入一张 3 列 7 行的表格,如图 2-30 所示。

(2) 在表格中输入数据,如图 2-31 所示。

(3) 选中表格并右击,在弹出的快捷菜单中选择"自动调整"→"根据内容自动调整表格"命令。

(4) 设置表格居中:选中表格,单击"段落"选项卡中的"居中"按钮。

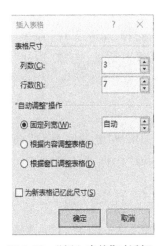

图 2-30　"插入表格"对话框　　图 2-31　在表格中输入数据

年度	台数(百万)	销售额(百万元)
2012	79	320
2013	84	590
2014	90	813
2015	124	1012
2016	138	1350
2017	159	1780

8. 在表格最后增加一行,输入"销售额总计"。

(1) 选中表格最后一行。

(2) 鼠标右击,在弹出的快捷菜单中选择"插入"→"在下方插入行"命令。

(3) 在插入的行的第一个单元格中输入"销售额总计"。

9. 合并单元格。

(1) 选中表格最后两个单元格。

(2) 鼠标右击,在弹出的快捷菜单中选择"合并单元格",或单击"表格工具—布局"选项卡下的"合并"组中的"合并单元格"按钮。

10. 在表格左上角单元格内加入斜线表头,行标题为"销售额",列标题为"年度"。

(1) 将光标定位在表格的第一个单元格。

(2) 单击"表格工具—设计"选项卡下的"边框"组中的"边框"按钮,在下拉列表中选择"斜下框线"命令。

(3) 输入"销售额",按回车键,输入"年度",在"销售额"前插入空格键,根据要求进行调整。

11. 设置表格内容的对齐方式为水平居中。

(1) 选中表格。

(2) 单击"表格工具—布局"选项卡下的"对齐方式"组中的"水平居中"按钮。

12. 设置表格外框线为 1.5 磅红色单实线，内框线为 1 磅蓝色单实线，表头下框线为 1.5 磅红色单实线，深色底纹 25%，斜线边框为 1.5 磅红色单实线。

(1) 选中表格。

(2) 单击"表格工具—设计"选项卡下的"边框"组右下角的对话框启动按钮 ，打开"边框和底纹"对话框，选择"边框"选项卡。

(3) 在"设置"中选择"方框"，设置"样式"为第 1 个"单实线"，颜色为"红色"，宽度为"1.5 磅"。再在"设置"中选择"自定义"，设置颜色为"蓝色"，宽度为"1 磅"，单击"预览"中表格的中间或边上的 和 按钮，单击"确定"按钮，如图 2-32 所示。

(4) 选中表格第 1 行，右击鼠标，在弹出的快捷菜单中选择"表格属性"命令，打开"表格属性"对话框，单击"边框和底纹"按钮打开"边框和底纹"对话框，选择"边框"选项卡。在"设置"中选择"自定义"，设置颜色为"红色"，宽度为"1.5 磅"，单击"预览"区中表格下框线按钮 ，单击"确定"按钮。

(5) 选中表格第 1 行，右击鼠标，在弹出的快捷菜单中选择"边框和底纹"命令，打开"边框和底纹"对话框，选择"底纹"选项卡。在"图案"中选择"样式：深色25%"，如图 2-33 所示，单击"确定"按钮。

(6) 选中表格第 1 个单元格，用同样的方法打开"边框和底纹"对话框，选择"边框"选项卡。在"设置"中选择"自定义"，设置颜色为"红色"，宽度为"1.5 磅"，单击"预览"中表格斜线框线按钮 ，单击"确定"按钮。

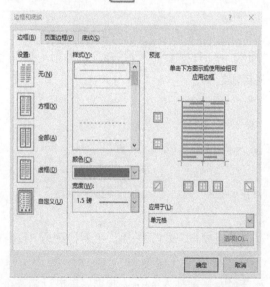

图 2-32 "边框和底纹"对话框中的"边框"选项卡

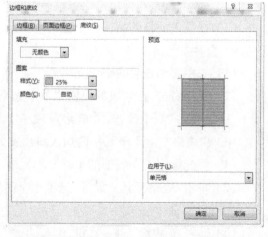

图 2-33 "边框和底纹"对话框中的"底纹"选项卡

13. 按销售额从高到低进行排序。

（1）选中表格。

（2）单击"表格工具—布局"选项卡下的"数据"组中的"排序"按钮,弹出"排序"对话框,如图 2-34 所示。

（3）主要关键字选择"销售额",选中"降序"单选按钮。结果如图 2-35 所示。

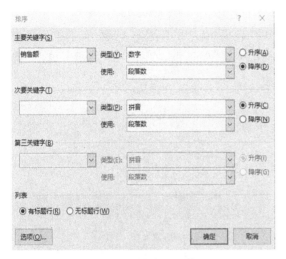

图 2-34　"排序"对话框　　　　　　图 2-35　排序效果图

14. 利用公式统计销售额总计。

（1）将鼠标定位在销售额总计后空白单元格。

（2）单击"表格工具—布局"选项卡下的"数据"组中的"公式"按钮,弹出"公式"对话框,如图 2-36 所示。

（3）直接选择 SUM(ABOVE),默认对最后一列所有数字进行求和[如果想求销售台数,可以在公式中输入"=SUM(B2:B7)",B 表示第 2 列数据。如果想求 2017,2015,2013 三年的销售额,可以在公式中输入"=SUM(C2,C4,C6)",C 表示第 3 列数据],公式效果如图 2-37 所示。

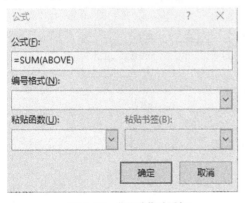

图 2-36　"公式"对话框　　　　　　图 2-37　公式效果图

15. 在文中插入文本文件"近几年变频空调销售情况表"并转换为表格,设置表格样式为"网格表2"。

(1) 在第 2 段后插入一空行。

(2) 打开文本文件"近几年变频空调销售情况表.txt"并全选,右击鼠标,在弹出的快捷菜单中选择"复制"命令。在第 2 段空行处选择"粘贴"命令,把数据粘贴到文章中,如图 2-38 所示。

(3) 选中所有数据,单击"插入"选项卡下的"表格"组中的"表格"按钮,在下拉列表中选择"文本转换成表格"命令,打开"将文字转换成表格"对话框,如图 2-39 所示。单击"确定"按钮。

图 2-38　数据表格

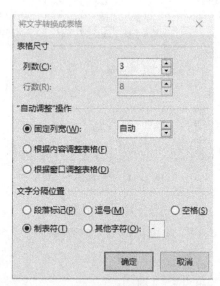

图 2-39　"将文字转换成表格"对话框

(4) 设置表格样式:选中转换的表格,单击"表格工具—设计"选项卡下的"表格样式"组右下角的"其他"按钮,在下拉列表中选择"网格表2"。效果如图 2-40 所示。

年度	台数（百万台）	销售额（百万元）
2017	1550	5780
2016	1138	3350
2015	724	2012
2014	350	1213
2013	120	790
2012	90	420
销售额总计		

图 2-40　表格效果图

(5) 调整表格大小和位置。

16. 保存文件。

选择"文件"→"保存"命令。

知识拓展

将文本转换为表格的注意事项

将文本转换为表格时要准确选择文本内容,不要多选或少选。同样地,表格也可以转换为文本。方法如下:选中表格,单击"表格工具—布局"选项卡下的"数据"组中的"转换为文本"按钮。

实验 2-3　图文混排

通过实验 2-1 和实验 2-2,我们掌握了 Word 2016 的一些基本排版方法。本实验将利用高级排版技巧,比如艺术字、文本框、插入图片、绘图工具等的使用,增强文档的效果,同时给读者提供一个书写个人简历的真实模板。

实验案例

制作一份个人简历。

实验学时

2 学时。

实验目的

1. 掌握图片的插入及格式化方法。
2. 掌握艺术字的使用及格式化方法。
3. 掌握文本框的使用及格式化方法。
4. 掌握常用自选图形的使用及格式化方法。
5. 掌握页眉和页脚的设置方法。

实验任务

设计一份个人简历,效果如图 2-41、图 2-42 所示。(相关素材在"实验素材\Word\实验 3"文件夹中)

1. 启动 Word 2016,建立空白文档。

2. 设计简历封面,在封面的适当位置插入图片、文字(可参考图 2-41)。

3. 设计简历表格,建立表格自动套用格式,将姓名、年龄、学历、学校、专业、联系方式等个人信息放在相应表格位置。设置表格的边框线、颜色及底纹。

4. 为个人简历表格除首页外添加页眉和页脚,页眉内容为"个人简历",右对齐,黑体,小五号;页脚插入页码,居中对齐。

5. 以文件名"个人简历(排版).docx"保存到实验素材相应文件夹中。

图 2-41　个人简历封面效果图

图 2-42　个人简历表格效果图

实验步骤

1. 启动 Word 2016,建立空白文档。

打开 Word 2016,执行"文件"→"新建"→"空白文档"命令,建立一个新文档。

2. 设计简历封面,在封面的适当位置插入图片、文字。

(1) 制作直线:单击"插入"选项卡下的"插图"组中的"形状"按钮,在下拉列表中选择"线条"→"直线"命令。通过拖动鼠标画出四条直线,分别为两条水平线和两条垂直线。调整四条直线的摆放位置。右击第一条直线,在弹出的快捷菜单中选择"设置形状格式"命令,弹出"设置形状格式"任务窗格,如图 2-43 所示。选择"填充与线条",将宽度设置为"4 磅";选择颜色为"橙色,个性色 2,淡色 40%";选择"效果"下的"阴影",在"预设"下拉列表中的"外部"中选择"右下"。

按照同样的方法,设置好其他三条直线,效果如图 2-44 所示。也可以先绘制一条直线并设置好格式,通过复制、粘贴的方法,完成其他三条直线的绘制;或者先设置好一条直线,

项目 2　Word 2016 文字处理软件的使用

利用"格式刷"将其他三条直线设置成同样的格式。

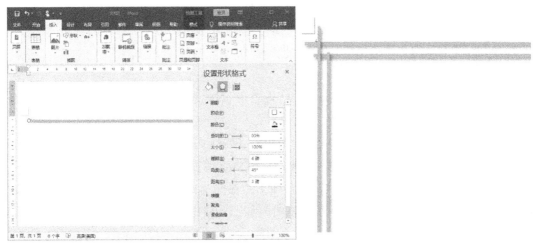

图 2-43　"设置形状格式"任务窗格　　　　图 2-44　封面四条直线效果图

（2）添加水印：单击"设计"选项卡下的"页面背景"组中的"水印"按钮，在下拉列表中选择"自定义水印"命令，弹出"水印"对话框，如图 2-45 所示。选中"文字水印"单选按钮。在"文字"文本框中输入"小熊猫简历"，其他为默认选项，单击"应用"按钮，效果如图 2-46 所示。

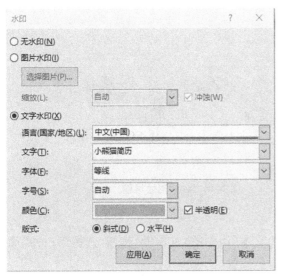
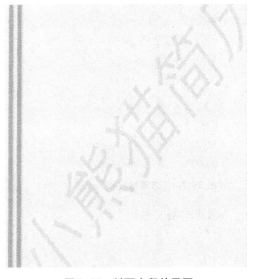

图 2-45　"水印"对话框　　　　　　　　图 2-46　封面水印效果图

（3）绘制六边形。

① 绘制六边形并调整大小：单击"插入"选项卡下的"插图"组中的"形状"按钮，在下拉列表中选择"基本形状"中的"六边形"；拖动鼠标画出一个六边形。

② 调整六边形大小为 3 厘米×3.5 厘米：选中六边形并右击，在弹出的快捷菜单中选择"其他布局选项"命令，打开"布局"对话框，选择"大小"选项卡，设置六边形大小；或选中

六边形,选择"绘图工具—格式"选项卡,在"大小"组中进行设置。

③ 设置格式:选中六边形并右击,在弹出的快捷菜单中选择"设置形状格式"命令,打开"设置形状格式"任务窗格,设置六边形的填充颜色为"渐变填充",在"预设渐变"下选择"浅色渐变-个性色1","类型"选择"线性","方向"选择"线性向下","透明度"选择"50%"。

④ 去掉六边形线条:选中六边形,单击"设置形状格式"任务窗格中的"线条",在页面中选中"无线条",单击"关闭"按钮。

⑤ 插入文字:选中六边形并右击,在弹出的快捷菜单中选择"添加文字"命令,输入"个"。

⑥ 设置文字格式:选中"个",设置字体为"华文新魏",字号为"初号",颜色为"黑色"。

⑦ 复制六边形:选中六边形并右击,在弹出的快捷菜单中选择"复制"命令,在空白处单击"粘贴"命令,选择粘贴选项"保留源格式",如图2-47所示,复制3个六边形,并拖动到合适的位置。

⑧ 修改文字:把其他六边形内文字分别改为"人""简""历"。

⑨ 合并图形:按住【Ctrl】键,用鼠标选中四个图形(注意选择图形边框处),松开【Ctrl】键。将鼠标移至图形边框处并右击,在弹出的快捷菜单中选择"组合"→"组合"命令,进行图形的合并。最终效果如图2-48所示。

图2-47 "选择性粘贴"菜单

图2-48 六边形效果图

(4)绘制文本框。

① 插入文本框:单击"插入"选项卡下的"文本"组中的"文本框"按钮,选择第一种"简单文本框"。拖动鼠标画出文本框并移动到合适位置。

② 添加文字:输入"专业:会计学;姓名:小熊猫;院校:花果山大学",设置文字格式为楷体、加粗、二号,将"专业""姓名""院校"的颜色设置为RGB(255,190,0),其他文字为黑色。在"开始"选项卡下的"字体"组中单击"字体颜色"按钮,在下拉列表中选择"其他颜色"命令,选择"自定义"选项卡,输入RGB值,单击"确定"按钮即可,如图2-49所示。利用"字体"组上的 U 按钮为文字添加下划线。

③ 去掉文本框边框与填充色:同六边形的方法。

④ 将文本框置于顶层：移动文本框到合适的位置并右击，在弹出的快捷菜单中选择"置于顶层"→"置于顶层"命令。最终效果如图 2-50 所示。

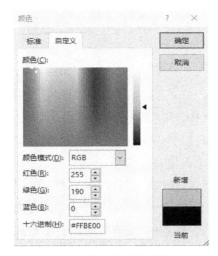

图 2-49　"自定义"选项卡

图 2-50　文本框效果图

（5）两页互换。下面将进行简历表格的绘制，插入空白页：在"插入"选项卡下的"页面"组中插入空白页，但空白页会插入到前一页。通过复制、粘贴的方法，把封面所有内容移动到第 1 页。第 2 页变为空白页。

3. 设计简历表格，建立表格自动套用格式，将姓名、年龄、学历、学校、专业、联系方式等个人信息放在相应表格位置。设置表格的边框线、颜色及底纹。（个人简历相关信息在文件"个人简历.docx"中）

（1）绘制表格。

① 绘制表格：单击"插入"选项卡下的"表格"组中的"表格"按钮，拖动生成 2 列 5 行的表格，并插入到页面中。

② 调整大小：把表格最后一行边框拉到页面下方。

③ 平均分布各行：选中表格并右击，在弹出的快捷菜单中选择"平均分布各行"命令。

④ 表格自动套用格式：选中表格，单击"表格工具—设计"选项卡下的"表格样式"组中的"网格表，浅色，着色 4"。

⑤ 合并单元格：选中第 1 列第 2, 3, 4 单元格并右击，在弹出的快捷菜单中选择"合并单元格"命令。

（2）编辑照片。

① 插入图片：将光标定位在第 1 行第 1 列单元格，单击"插入"选项卡下的"插图"组中的"图片"按钮，找到实验 3 中的照片"photo.jpeg"，插入单元格中。

② 调整图片大小：选中图片，单击边框调整大小。

③ 设置图片样式：选中图片，选择"图片工具—格式"选项卡下的"图片样式"组中的"柔化边缘椭圆"，如图 2-51 所示。

图 2-51 "图片工具—格式"选项卡

④ 设置图片位置:选中图片,单击"图片工具—格式"选项卡下的"排列"组中的"位置"按钮,在下拉列表中选择"文字环绕"→"中间居中,四周型文字环绕"命令。

(3) 编辑文字信息。

① 插入文字:在相关表格处,输入或粘贴相关个人信息。

② 插入艺术字并设置:单击表格第 2 列第 1 行,单击"插入"选项卡下的"文本"组中的"艺术字"按钮,选择第 1 行第 5 列艺术字效果,如图 2-52 所示,输入"小熊猫";选中艺术字,单击"绘图工具—格式"选项卡下的"艺术字样式"组中的"文本效果",在下拉列表中执行"转换"→"弯曲"→"山形:上"命令,如图 2-53 所示。

③ 文字格式化:选中文字,设置字体为"微软雅黑";标题字体为"四号",正文字体为"小四"号第 1 列字体;颜色为"白色",第 2 列字体为黑色;调整行距为 16 磅。

④ 插入直线:在第 1 列标题字体下方插入直线,并设置线条类型为"虚线",粗细为"2 磅",颜色为白色。

⑤ 移动直线:选中直线,将之移动到相应位置。

⑥ 按样张调整其他格式。

(4) 插入图标(相关图标在实验素材中)。

① 插入图标:在相关文字前面插入相应图标(参考样张)。

② 调整大小:选择"绘图工具—格式"选项卡,在"大小"组中调整图标大小为 1 厘米 × 1 厘米。

③ 调整位置:选择"绘图工具—格式"选项卡,在"排列"组中单击"环绕文字"按钮,选择"浮于文字上方"。

④ 编辑图标:参考小知识内容,设置图标的背景为透明色。

(5) 选中第 2 列,单击"表格工具—设计"选项卡下的"表格样式"组中的"底纹"按钮,选择"白色"。

项目 2　Word 2016 文字处理软件的使用

图 2-52　插入艺术字

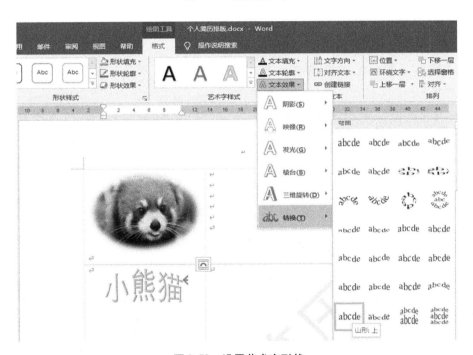

图 2-53　设置艺术字形状

4. 为个人简历表格除首页外添加页眉和页脚,页眉内容为"个人简历",右对齐,黑体,小五号;页脚插入页码,居中对齐。

(1) 插入页眉:单击"插入"选项卡下的"页眉和页脚"组中的"页眉"按钮,在下拉列表中选择"空白";出现"页眉和页脚工具—设计"选项卡,如图 2-54 所示,勾选"首页不同"复选框,修改文字为"个人简历",选中文字,设置字体、字号、位置。

(2) 插入页脚:单击页脚位置,单击"插入"选项卡下的"页眉和页脚"组中的"页码"按钮,在下拉列表中选择"页面底端"→"普通数字 2"命令,单击"页眉和页脚工具—设计"选项卡下的"页眉和页脚"组中的"页码"按钮,在下拉列表中选择"页码格式"命令,在"设置页码格式"对话框中选择起始页码为"0"。

图 2-54 "设计"选项卡中对页眉/页脚的设置

5. 以文件名"个人简历(排版).docx"保存到实验素材相应文件夹中。

执行"文件"→"保存"命令。

1. 修改超链接颜色

在 Word 2016 文档中,超链接有其默认的颜色,如果单纯修改超链接文本颜色不起作用,这是因为 Word 2016 文档中的超链接颜色是由主题颜色决定的,要想改变超链接颜色,则必须设置主题颜色,具体操作步骤如下:

(1) 打开文档,切换到"设计"选项卡,在"主题"组中单击"颜色"按钮,并在打开的颜色列表中选择"自定义颜色"命令。

(2) 打开"新建主题颜色"对话框,如图 2-55 所示,在对话框中设置"超链接"颜色为白色,新建的主题名称为"自定义 1",单击"保存"按钮。新的自定义主题即可生效。

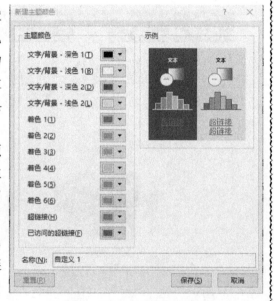

图 2-55 "新建主题颜色"对话框

小操作:把"个人简历"中的邮箱超链接改为红色。

2. 设置图片背景为透明色

有时我们插入的图片是白色背景,要改为透明色,方法为:选中图片,选择"格式"选项卡,在"调整"组中单击"颜色"按钮,在下拉列表中选择"设置透明色"命令,如图 2-56 所示,此时鼠标变为笔的形状。单击图片背景处即可。

图 2-56 设置透明色

3. 设置色温

色温以"开尔文"为单位,通常用 K 表示,是对照片或图片色调冷暖的一种描述。在 Word 中设置色温的方法为:选中图片,选择"图片工具—格式"选项卡,在"调整"组中单击"颜色"按钮,在下拉列表中选择"色调"中的某一个色温,如图 2-57 所示,此时图片应用 4 700 K 的色温。

图 2-57 设置色温

实验2-4 高级排版

大学生在最后一学期均要完成一篇毕业论文。毕业论文不仅文档长,而且格式多,处理起来比普通文档要复杂得多。本实验将以毕业论文排版为例,综合训练长文档的排版方法和技巧,包括应用样式、添加目录、添加页眉和页脚、插入域、制作论文模板等内容。

实验案例

制作一份毕业论文。

实验学时

2学时。

实验目的

1. 熟悉文档属性及其设置方法。
2. 了解样式的作用及其使用方法。
3. 了解目录生成方法。
4. 了解节的作用及其使用方法。
5. 掌握页眉和页脚的设置方法。
6. 掌握页码的设置方法。
7. 了解Word域的概念。

实验任务

制作一份毕业论文,排版效果如图2-58所示。(相关素材在"实验素材\Word\实验4"文件夹中)

项目2 Word 2016 文字处理软件的使用

图 2-58 毕业论文效果图

整体要求的格式为:A4纸;单面打印;有封面和目录;除封面、摘要和目录外,每页的页眉是论文的题目;页码一律在页面底端的右侧,封面和目录没有页码;摘要和英文摘要的页码格式为"I,II,III,…";正文页码格式为"1,2,3,…";目录按章、节、条三级标题编写,要求标题层次清晰。理工类专业按(1,1.1,1.1.1……)格式编写。目录要求层次清晰,且与正文中标题一致。通过样式统一进行论文的排版。

实验步骤

1. 进行页面设置与文档属性设置。

(1) 设置页面:正文采用 A4 页面,其中上页边距为 2.5 厘米,下页边距为 2.5 厘米,左页边距为 3.0 厘米,右页边距为 2.4 厘米,左侧装订线为 0.5 厘米,页眉为 2.5 厘米,页脚为 1.8 厘米,每页为 36 行。

单击"布局"选项卡下的"页面设置"组右下角的对话框启动器按钮,打开"页面设置"对话框,在"页边距"选项卡中设置上、下、左、右页边距和装订线距离,如图 2-59 所示;在"布局"选项卡中设置页眉和页脚距边界的距离,如图 2-60 所示;在"文档网格"选项卡的"行数"中设置每页为 36 行。

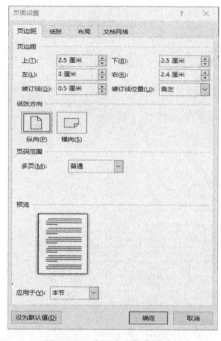

图 2-59 "页边距"选项卡　　　　图 2-60 "布局"选项卡

(2) 设置文档属性:标题为论文题目,主题为"花果山大学毕业论文",作者为"小熊猫",单位为"电商 111 班"。

单击"文件"→"信息"命令,单击"属性"右边的向下小箭头,选择"高级属性",弹出"毕业论文 属性"对话框,选择"摘要"选项卡,在其中输入相关信息,如图 2-61 所示。

2. 把封面、摘要、英文摘要、正文等调整到单独页面。

步骤略。

3. 利用样式对正文和标题进行设置。

(1) 标题样式:标题 1 为黑体、四号、段前、段后均为 0.5 行、单倍行距;标题 2 为华文新魏、四号、段前、段后均为 8 磅、单倍行距;标题 3 为黑体、五号、段前、段后均为 0 磅、1.5 倍行距;正文为楷体、小四号、1.25 倍行距,首行缩进。

① 新建标题 1 样式。Word 自带的样式库不符合当前要求,我们可以新建一个标题 1 样式。单击"开始"选项卡下的"样式"组中的"新建样式"按钮,打开"根据格式化创建新样式"对话框,如图 2-62 所示,输入新样式名称"新标题样式 1",单击"修改"按钮。弹出"修改样式"对话框(图 2-63),选择字体、字号,选择"段落",在"段落"对话框中设置段前、段后间距和单倍行距,单击"确定"按钮。打开"样式"下拉菜单,出现新建的样式"新标题样

式 1"。用鼠标拖动选中第一个一级标题,执行"样式"→"AaBbCc 新标题样式 1"命令,我们可以看到修改的样式已应用于一级标题中(图 2-64)。把所有一级标题(标题 1)全部设置好。

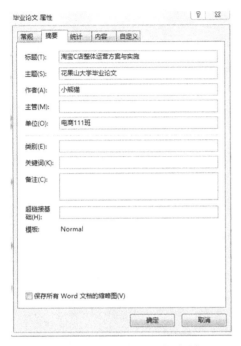

图 2-61 "毕业论文属性"对话框

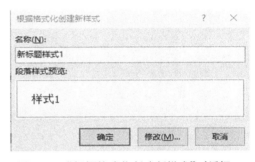

图 2-62 "根据格式化创建新样式"对话框

图 2-63 "修改样式"对话框

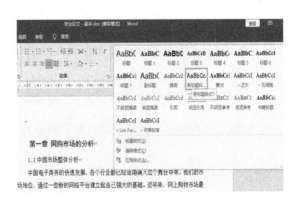

图 2-64 新创建样式界面

② 新建"新标题样式 2":同上。

③ 新建"新标题样式3":同上。
④ 修改"摘要""英文摘要""参考文献""致谢"样式:同上。
⑤ 新建"新正文样式":同上。
⑥ 使用设置好的新样式对正文、标题进行设置。

(2) 视图查看大纲。

所有样式修改、设置结束后,通过大纲视图查看是否有遗漏。单击"视图"选项卡下的"视图"组中的"大纲视图"按钮。选择"显示级别",可以看到1级、2级、3级下的标题结构,这有助于文章的整体排版(图2-65)。样式排版后的论文效果如图2-66所示。

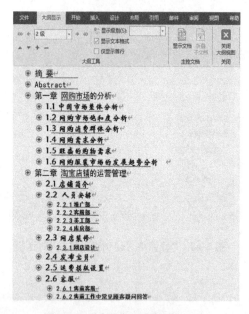

图2-65 "大纲视图"界面(3级)

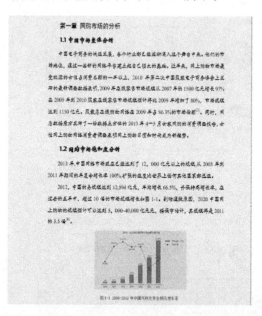

图2-66 效果图

4. 添加目录。

要求利用三级标题样式生成毕业论文目录。目录中含有标题1、标题2、标题3。其中"目录"文本的格式为居中、小二、黑体,标题1为四号、宋体;标题2为小四号、宋体;标题3为五号、宋体。

(1) 将光标定位在第一章之前,单击"引用"选项卡下的"目录"组中的"目录"按钮,在下拉列表中选择"自定义目录"命令,弹出"目录"对话框,如图2-67所示,选择"显示级别"为"3"。单击"修改"按钮,弹出"样式"对话框,如图2-68所示。

图 2-67 "目录"对话框

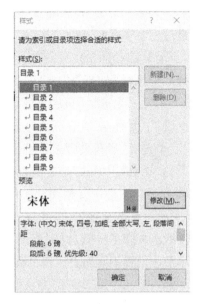

图 2-68 "样式"对话框

（2）选择目录1，单击"修改"按钮，弹出"修改样式"对话框，如图2-69所示，可以进行每一级目录的格式修改。插入的目录如图2-70所示。

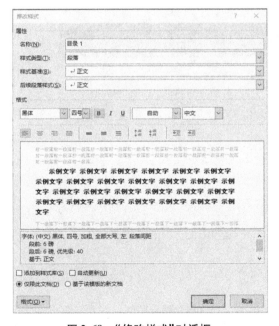

图 2-69 "修改样式"对话框

图 2-70 生成的目录效果图

5. 插入分节符。

把论文分成四小节，插入三个分节符，分节符位置分别为：封面的末尾、英文摘要的末尾、目录的末尾。

（1）将视图切换到"页面视图"。

(2) 插入第一个分节符：将插入点放在封面最后一个字后面，单击"布局"选项卡下的"页面设置"组中的"分隔符"按钮，在下拉列表中执行"分节符"→"下一页"命令（图2-71）。双击摘要页的页眉，发现页眉处变成了"页眉-第2节-"及"与上一页相同"。单击"页眉和页脚工具—设计"选项卡下的"导航"组中的"链接到前一条页眉"，会发现"与上一页相同"消失，如图2-72所示。双击摘要页的页脚，按同样的方法取消页脚的链接，这时候就可以在两个小节中设置不同的页眉和页脚。

(3) 插入第二个分节符的方法同上，将插入点放置在英文摘要最后一个字后面，同时断开与前一小节的链接。

(4) 插入第三个分节符的方法同上，将插入点放置在目录最后一行后面，同时断开与前一小节的链接。

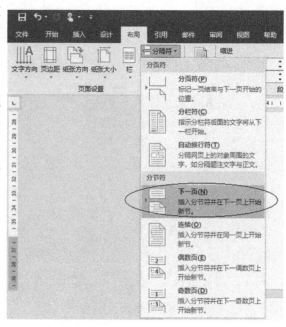

图2-71 "分隔符"下拉列表

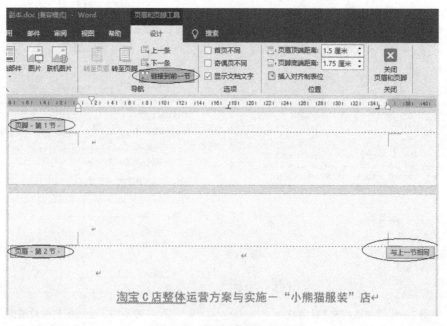

图2-72 "断开链接"按钮

6. 插入页眉和页脚。

封面无页眉和页脚；在摘要和英文摘要页插入页眉，靠右对齐，字体为黑体，字号为小五，内容为"摘要"，页脚格式为页码，居中，格式为"Ⅰ,Ⅱ,Ⅲ,…"；目录页无页眉和页脚；在正文页面插入奇偶页不同的页眉,在奇数页页眉处插入"花果山大学论文",并靠右对齐,设置字体为黑体,字号为小五,在偶数页页眉处插入页眉"淘宝 C 店整体运营方案与实施",并靠右对齐,设置字体为黑体,字号为小五,正文页页脚为页码,居中,格式为"1,2,3,…"。

(1)插入页眉步骤:单击"插入"选项卡下的"页眉和页脚"组中的"页眉"下拉按钮,选择"空白"样式的页眉,输入"摘要"。此时页眉下方自动添加一条黑色横线,如需删除页眉下方的横线,只需要选择页眉,单击"开始"选项卡下的"段落"组中的"下框线"按钮,在下拉列表中选择"下框线"或"无框线",如图 2-73 所示。

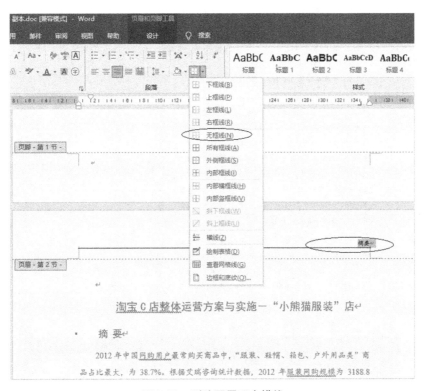

图 2-73　删除页眉下方横线

(2)设置奇偶页眉:在设置正文奇偶页眉的时候,会发现前面小节的页眉、页脚也会变成奇偶页眉,相应页面会发生变化。这时候要断开链接,并重新设置。

(3)更新目录:插入所有页码以后,单击目录并右击,在弹出的快捷菜单中选择"更新"命令,弹出"更新目录"对话框,选中"只更新页码"单选按钮,如图 2-74 所示。

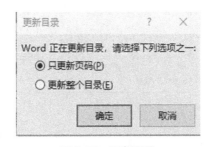

图 2-74　更新目录

7. 使用域在页脚处添加作者和日期。

（1）双击正文奇数页页脚，单击"设计"选项卡下的"页眉和页脚"组中的"页脚"按钮，在下拉列表中选择"空白(三栏)"，如图2-75所示；单击中间"[在此处键入]"位置，再单击"页眉和页脚工具—设计"选项卡下的"页眉和页脚"组中的"页码"按钮，在下拉列表中选择"当前位置"→"普通数字"命令，重新插入页码，如图2-76所示。

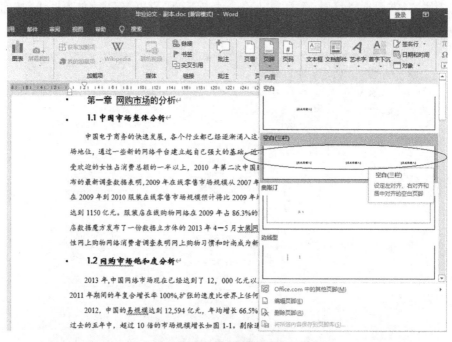

图2-75　更改页脚版式

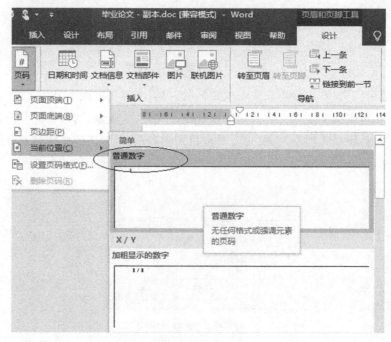

图2-76　插入页码

（2）单击左侧"[在此处键入]"，单击"页眉和页脚工具—设计"选项卡下的"插入"组中的"文档部件"按钮，在下拉列表中选择"域"命令，打开"域"对话框，如图2-77所示。选择"类别"为"文档信息"，在"域名"下选择"Author"，插入作者；单击左侧"键入文字"，打开"域"对话框，选择类别"日期和时间"，按照相应的格式插入日期。效果如图2-78所示。

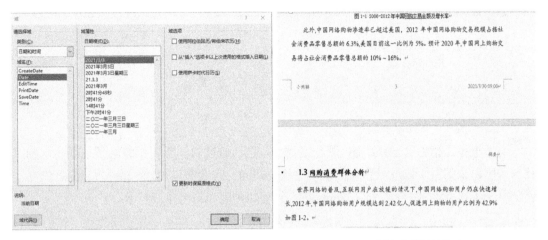

图2-77　"域"对话框　　　　　　　　图2-78　插入"域"效果图

8. 按样张排版好封面，对论文做整体调整。

步骤略。

9. 保存文件。

文件名为"毕业论文（排版）.docx"。

###

图标的排列

1. 样式

Word 2016的样式是可以应用于文档中文本的格式属性的集合。通过样式可以提高工作效率，提升文档美观度。可在"开始"选项卡下的"样式"组中选择已有的样式或创建新的样式。

2. 目录

目录是长文档必不可少的组成部分，由文章的标题和页码组成。手工添加目录既麻烦又不利于后期编辑。可在完成样式的基础上，利用"引用"选项卡下的"目录"组快速生成目录。

3. 分节符

我们阅读书籍或长文章时会发现，前言、摘要、目录、正文等部分的页眉和页脚是不相同的。一般摘要使用页码"Ⅰ,Ⅱ,Ⅲ,…"，而目录没有页码，正文使用页码"1,2,3,…"，这时就需要使用分节符。把文档分为几个部分，每一部分分别设置页眉和页脚。

4. 域

Word 域的中文意思是范围,类似数据库中的字段,实际上,它就是 Word 文档中的一些字段。每个 Word 域都有一个唯一的名字,但有不同的取值。用 Word 排版时,若能熟练使用 Word 域,可增强排版的灵活性,减少许多烦琐的重复操作,提高工作效率。

实验 2-5 综合实验

电子板报是指综合运用文字、图形、图像等元素,通过软件所创作的电子报纸。它的结构与印刷出来的报纸以及教室内的墙报等基本相同。本实验以制作一份图文并茂、内容丰富的电子板报为例,综合运用了 Word 2016 的基础排版和高级排版技术。

实验案例

制作一份名为"欢度国庆"的电子板报。

实验学时

2 学时。

实验目的

综合运用 Word 排版技术。

实验任务

制作如图 2-79 所示的电子板报(文字和图片素材在"实验素材\Word\实验 5"文件夹中),具体要求为:

1. 学会整体规划电子板报的布局。
2. 学会插入图片并进行简单的艺术效果处理,如改变形状大小、改变填充颜色、改变图片样式、调整图片亮度和对比度等。
3. 学会插入文本框并进行编辑。
4. 学会图片层次设置。

项目 2　Word 2016 文字处理软件的使用

图 2-79　电子板报效果图

实验步骤

1. 新建文档。

启动 Word 2016,建立空白文档。

2. 页面设置。

设置纸张为 A4 纸,纸张方向为横向,页边距上、下、左、右均为 1 厘米。

3. 绘制表格。

使用表格进行页面模板的规划:单击"插入"选项卡下的"表格"组中的"表格"按钮,在下拉列表中选择"绘制表格"。鼠标变为笔形状,先画出最外边框,再画出内线。共分为 6 个模块,如图 2-80 所示。

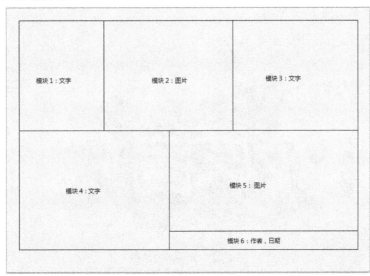

图 2-80　版面整体布局

4. 内容排版。

所有内容均通过文本框插入文档中,这样方便移动。

(1) 设置模块 1。

插入文本框,将实验素材文字"中国国旗"插入文本框中。插入国旗图片,并设置为"衬于文字上方",调整位置。文本框均设为"无填充色""无边框"。单击"插入"选项卡下的"插图"组中的"形状"按钮,在"基本形状"中选择"椭圆",并设置为无填充色,边框线为"渐变线",短划线类型为"长划线—点",预设渐变为"径向渐变–个性色 2"、"线性向下",调整其大小和位置。效果如图 2-81 所示。

图 2-81 模块 1 效果图

(2) 设置模块 2。

插入图片"欢度国庆",调整大小。选中图片,设置亮度和对比度为"亮度 +20%,对比度 +20%"。效果如图 2-82 所示。

图 2-82 模块 2 效果图

(3) 设置模块 3。

插入文本框,将实验素材文字"爱国名言"插入文本框中。设置字体为幼圆、四号。调整文本框的位置。插入边框,调整其位置。插入两条竖直线,并设置为阴影、虚线、短划线。效果如图 2-83 所示。

图 2-83　模块 3 效果图

(4) 设置模块 4。

插入图片、文本框、艺术字;设置图片位置、层次、亮度等。效果如图 2-84 所示。

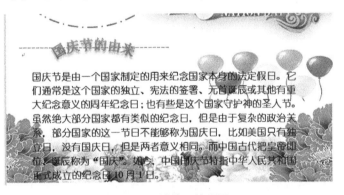

图 2-84　模块 4 效果图

(5) 设置模块 5。

插入图片,调整其大小和亮度,效果如图 2-85 所示。

图 2-85　模块 5 效果图

（6）设置模块 6。

插入文本框,输入作者相关信息。

5. 设置表格边框线。

选中表格,设置外边框无颜色,内部框线为红色、1.5 磅、短划线。最终效果如图 2-79 所示。

6. 保存文件,文件名为"欢度国庆.docx"。

项目 3
Excel 2016 电子表格处理软件的使用

Microsoft Excel 2016 是微软公司的办公软件 Microsoft Office 2016 的组件之一,它广泛地应用于企业管理、统计分析、财务金融等众多领域。Excel 2016 除了可以用于表格的制作和数据的计算外,还具有创建图表、绘制图形、绘制结构图、处理和分析数据、创建数据列表、调用外部数据、自动化处理、管理信息权限等功能。

本项目实验

- ◇ 实验 3-1　工作表格式化
- ◇ 实验 3-2　公式与函数练习
- ◇ 实验 3-3　数据排序、筛选与分类汇总
- ◇ 实验 3-4　图表操作
- ◇ 实验 3-5　数据透视表

技能目标

1. 掌握工作表中的基本排版。
2. 掌握公式与常用函数的使用方法。
3. 掌握 Excel 图表的建立、编辑和修改。
4. 掌握排序、筛选、分类汇总等数据操作。
5. 掌握数据透视表的建立、编辑和修改。

思维导图

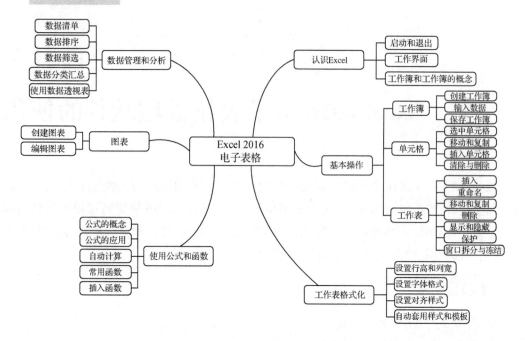

实验 3-1　工作表格式化

在日常生活中,我们经常会见到各种复杂的表格。比如银行的存款、取款单,应聘时填写的职位申请表,学校的成绩表等。本实验以制作单位职工工资表为例,学习工作表的格式化。

实验案例

职工工资表的排版。

实验学时

2 学时。

实验目的

1. 掌握 Excel 的行、列、单元格格式化的方法。

2. 掌握工作表的创建、删除、复制、更名和移动方法。

实验任务

对职工工资表进行排版,效果如图 3-1 所示。(表格素材在"实验素材\Excel\实验 1"文件夹中)

图 3-1 "职工工资表"效果图

1. 启动 Excel 2016,打开"职工工资表"。
2. 调整表格行的高度、列的宽度,合并单元格,使表格基本呈现如图 3-1 所示的效果。
3. 设置表格的标题字体为黑体,字号为 15 磅,居中,加双下划线。
4. 设置表格内文字字体为宋体,字号为 12 磅,表中的数据在单元格内水平方向和垂直方向都居中显示。
5. "基本工资""请假扣款""迟到扣款""缴纳税收"设置为两行显示,"编号""姓名"设置为竖向显示。
6. 设置表格的边框线,设置效果如图 3-1 所示。
7. 将文档的页面方向设置为横向,水平方向居中,设置页脚居中位置为当前日期。
8. 将 Sheet1 工作表重命名为"职工工资表",并复制工作表至最后,重命名为"职工工资表备份"。
9. 将文件按原名保存。

实验步骤

1. 启动 Excel 2016,打开"职工工资表"。
(1) 启动 Excel 2016:执行"开始"→"所有程序"→"Microsoft Office"→"Microsoft Office Excel 2016"命令。
(2) 执行"文件"→"打开"→"浏览"命令,选择"实验素材\Excel\实验 1"文件夹下"职工工资表.xlsx",单击"打开"按钮,如图 3-2 所示。

职工工资表

发放日期：2018年11月11日 所属日期：2018年10月

编号	姓名	应发金额				应扣金额				实发工资（元）	签字
		基本工资	全勤奖	补助	奖金	请假扣款（元）	迟到扣款（元）	缴纳税收（元）	应扣合计		
ZG001	张青	1450	200	300	500			350			
ZG002	赵四	1450	200	100	500			350			
ZG003	李华	1650		100		300		380			
ZG004	王明	1450	200		500			350			
ZG005	陈国庆	1650	200	200	500			380			
ZG006	李兰	1450		200			200	350			
ZG007	徐天一	1450	200		500			350			
ZG008	王守望	1650	200	100	500			380			
ZG009	朱一明	1450		100				350			
ZG010	陈梅	1450	200		500			350			
ZG011	王帆	1450	200		500			350			
ZG012	唐玲	1450	200	300	500			350			
ZG013	秦明	1450		200		300		350			
分栏合计											
领导签字		出纳：		制表：							

图 3-2 职工工资表

2. 调整表格行的高度、列的宽度,合并单元格,使表格基本呈现如图 3-1 所示的效果。

（1）调整表格行的高度。

有以下三种方法。

方法一：以第 1 行为例,将光标定位在第 1 行,单击"开始"选项卡下的"单元格"组中的"格式"按钮,在下拉列表中选择"行高"命令,如图 3-3 所示,在"行高"对话框中,输入"31",如图 3-4 所示。（行高采用的单位是磅）

方法二：选择第 1 行行标签,右击鼠标,在弹出的快捷菜单中选择"行高"命令,同样出现"行高"对话框。

方法三：将光标定位在第 1 行与第 2 行之间,当光标变为黑色十字箭头时,按住鼠标左键拖动,即可调整行高。

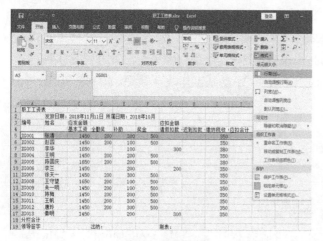

图 3-3 调整行高

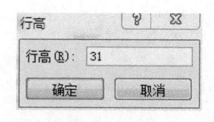

图 3-4 "行高"对话框

(2) 调整表格列的宽度。

调整表格列的宽度与设置行的高度方法类似,可以参考步骤(1)的方法。

(3) 合并单元格。

表格中有很多单元格要合并,我们以标题为例介绍单元格合并的方法。其他需要合并的单元格请按同样方法进行合并。

方法一:选中 A1 到 L1 所有单元格,右击鼠标,在弹出的快捷菜单中选择"设置单元格格式"命令,弹出"设置单元格格式"对话框,选择"对齐"选项卡,在"文本控制"选项组中选中"合并单元格"复选框,单击"确定"按钮,如图 3-5 所示。

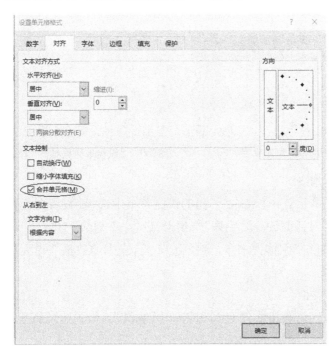

图 3-5 "设置单元格格式"对话框中的"对齐"选项卡

方法二:选定 A1 到 L1 所有单元格,单击"开始"选项卡下"对齐方式"组中的"合并后居中"按钮,或在下拉列表中选择"合并单元格"命令。

3. 设置表格的标题字体为黑体,字号为 15 磅,居中,加双下划线。

(1) 设置字体、字号、加粗。

在"字体"组中的"字体"下拉列表框中设置字体,"字号"下拉列表框中设置字号(没有单数的磅值,可以直接在文本框中输入"15"),单击"加粗"按钮设置加粗,如图 3-6 所示。

(2) 设置居中。

选中合并后的标题所在单元格并右击,在弹出的快捷菜单中选择"设置单元格格式"命令,弹出"设置单元格格式"对话框,再选择"对齐"选项卡,在"文本对齐方式"选项组中设置水平对齐和垂直对齐均为"居中",如图 3-7 所示。

图3-6 "字体"组工具栏

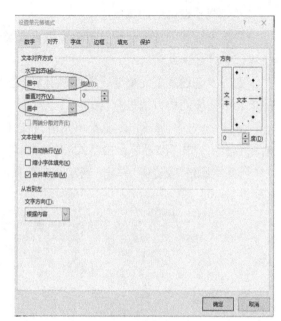

图3-7 "设置单元格格式"对话框中的"对齐"选项卡

(3) 设置双下划线。

选中标题所在单元格并右击,在弹出的快捷菜单中选择"设置单元格格式"命令,弹出"设置单元格格式"对话框,选择"字体"选项卡,设置"下划线"为"双下划线"。

4. 设置表格内文字字体为宋体,字号为12磅,表中的数据在单元格内水平方向和垂直方向都居中显示。

方法与步骤3类似。

5. "基本工资""请假扣款""迟到扣款""缴纳税收"设置为两行显示,"编号""姓名"设置为竖向显示。

(1) 以"基本工资"为例,选中该单元格,打开"设置单元格格式"对话框,选择"对齐"选项卡,在"文本控制"选项组中选中"自动换行"复选框,单击"确定"按钮。

(2) 以"编号"为例,选中该单元格,单击"开始"选项卡下的"对齐方式"组中的"方向"按钮,在下拉列表中选择"竖排文字"命令。显示效果如图3-8所示。

图3-8 "竖向"文字效果

6. 设置表格的边框线,设置效果如图3-1所示。

(1) 设置外部边框线。

选定区域 A3:L18,打开"设置单元格格式"对话框,选择"边框"选项卡。先选择线条、样式,如"粗实线",再选择颜色,如"黑色",在"预置"选项组中选择"外边框"选项,单击

"确定"按钮。去掉两侧框线的方法:单击两侧框线按钮,如图3-9所示。

图3-9 设置外框线

(2) 设置内部边框线。

选定区域 A3:L18,打开"设置单元格格式"对话框,选择"边框"选项卡。先选择线条、样式,如"细虚线",再选择颜色,如"黑色",在"预置"选项组中选择"内部"选项,单击"确定"按钮,如图3-10所示。

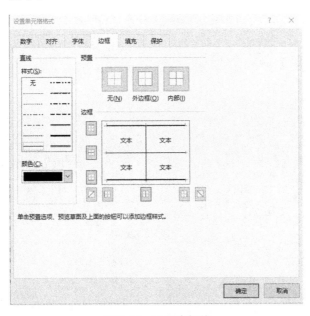

图3-10 设置内框线

(3) 设置第1行双线边框线。

选中区域(表格表头的第3和第4行),打开"设置单元格格式"对话框,选择"边框"选项卡。先选择线条的样式,如"双实线",再选择颜色,如"黑色",在"边框"选项组中单击"下边框"按钮,可以看到,线条变成双实线,单击"确定"按钮,如图 3-11 所示。

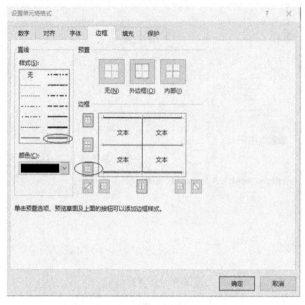

图 3-11 设置第 1 行双线边框线

7. 将文档的页面方向设置为横向,水平方向居中,设置页脚居中位置为当前日期。

(1)单击"页面布局"选项卡下的"页面设置"组右下角的对话框启动器按钮,弹出"页面设置"对话框,如图 3-12 所示,选择"页面"选项卡,设置"方向"为"横向";选择"页边距"选项卡,设置上、下、左、右边距和表格的居中方式为"水平",如图 3-13 所示。

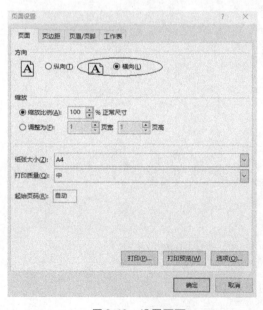

图 3-12 设置页面

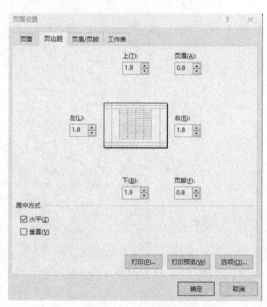

图 3-13 设置页边距

（2）在"页面设置"对话框的"页眉/页脚"选项卡中，单击"自定义页脚"按钮，如图3-14所示；弹出"页脚"对话框，如图3-15所示，在居中位置插入日期。

图3-14 "页面设置"对话框中的"页眉/页脚"选项卡

图3-15 "页脚"对话框

8. 将Sheet1工作表重命名为"职工工资表"，并复制工作表至最后，重命名为"职工工资表备份"。

（1）双击Sheet1工作表，直接输入新的工作表名称"职工工资表"。

（2）右击"职工工资表"，在弹出的快捷菜单中选择"移动或复制"命令，如图3-16所示，弹出"移动或复制工作表"对话框，选择"（移至最后）"，并勾选"建立副本"复选框，如图3-17所示。

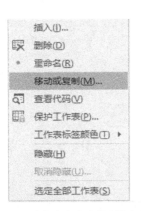

图3-16 选择"移动或复制"命令

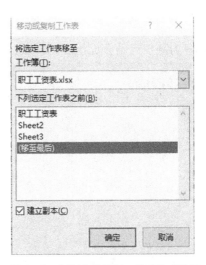

图3-17 "移动或复制工作表"对话框

（3）双击"职工工资表(2)"，将之改名为"职工工资表备份"。

9. 将文件按原名保存。

选择"文件"→"保存"命令。

实验 3-2　公式与函数练习

在实验 3-1 中，我们主要是针对 Excel 2016 的表格进行格式化。本实验主要通过对几个表格中的数据进行求和、求平均值、排序等，学习 Excel 2016 中的公式和几个常用函数的使用方法。

实验学时

2 学时。

实验目的

1. 掌握 SUM、AVERAGE、COUNT、IF、RANK 等函数的用法。
2. 掌握 SUMIF、AVERAGEIF、COUNTIF、VLOOKUP 等函数的用法。
3. 掌握 SUMIFS、AVERAGEIFS、COUNTIFS 等函数的用法。

实验任务

1. 图 3-18 为某校运动会成绩表，要求统计各队的总积分、积分排名和奖金。

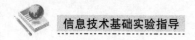

图 3-18　运动会成绩表

(1) 合并并居中 A1:G1 单元格,修改工作表名为"成绩统计表"。

(2) 在相应列计算各队的总积分。

(3) 按升序计算各队的积分排名。

(4) 凡总积分在 100 分以下的奖金列显示"100 元",100 分到 150 分之间的显示"200 元",150 分以上的显示"300 元"。

2. 图 3-19 为某公司员工年龄统计表,要求统计员工平均年龄、男职工人数、女职工人数、男职工平均年龄、女职工平均年龄。

图 3-19 某公司员工年龄统计表

(1) 合并并居中 A1:D1 单元格,修改工作表名为"统计表"。

(2) 在 G4 中计算职工平均年龄。

(3) 在 G5 中计算男职工人数。

(4) 在 G6 中计算女职工人数。

(5) 在 G7 中计算男职工平均年龄。

(6) 在 G8 中计算女职工平均年龄。

实验步骤

1. 统计各队的总积分、积分排名和奖金。

(1) 打开某校运动会成绩表,合并并居中 A1:G1 单元格,修改工作表为"成绩统计表"。选中 A1:G1 单元格区域,单击"开始"选项卡下的"对齐方式"组中的"合并后居中"按钮,如图 3-20 所示。双击工作表名称 Sheet1,并修改为"成绩统计表"。

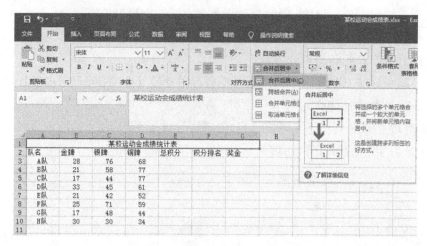

图 3-20　合并并居中 A1:G1 单元格

（2）统计总积分：在 E3 单元格中输入"＝SUM(B3:D3)"，按【Enter】键确认后即显示。单击"总积分"单元格，将光标放在右下角，当光标变成黑色十字箭头时向下拖动，进行公式填充，计算出所有总积分，如图 3-21 所示。

	A	B	C	D	E	F	G
1	某校运动会成绩统计表						
2	队名	金牌	银牌	铜牌	总积分	积分排名	奖金
3	A队	28	76	68	172		
4	B队	21	58	77	156		
5	C队	17	44	77	138		
6	D队	33	45	61	139		
7	E队	21	42	52	115		
8	F队	25	71	59	155		
9	G队	17	48	44	109		
10	H队	30	30	34	94		

图 3-21　SUM 函数的应用

（3）计算积分排名：在 F3 单元格中输入"＝RANK(E3,$E$3:$E$10,0)"，按【Enter】键确认后即显示，如图 3-22 所示。

	A	B	C	D	E	F	G
1	某校运动会成绩统计表						
2	队名	金牌	银牌	铜牌	总积分	积分排名	奖金
3	A队	28	76	68	172	1	
4	B队	21	58	77	156	2	
5	C队	17	44	77	138	5	
6	D队	33	45	61	139	4	
7	E队	21	42	52	115	6	
8	F队	25	71	59	155	3	
9	G队	17	48	44	109	7	
10	H队	30	30	34	94	8	

图 3-22　RANK 函数的应用

(4)计算奖金:在 G3 单元格中输入" = IF(E3 < 100,"100 元",IF(E3 < 150,"200 元","300 元"))",按【Enter】键确认后即显示,如图 3-23 所示。(在输入双引号和逗号的时候一定要注意是在英文半角状态下)

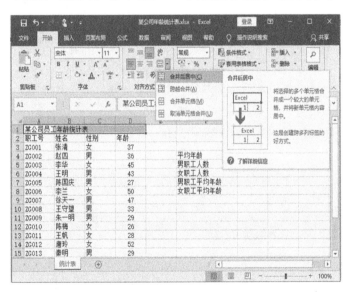

图 3-23　IF 函数的应用

2. 统计员工平均年龄、男职工人数、女职工人数、男职工平均年龄、女职工平均年龄。

(1)打开某公司员工年龄统计表,合并并居中 A1:D1 单元格,修改工作表为"统计表";选中 A1:D1 单元格区域,单击"开始"选项卡下的"对齐方式"组中的"合并后居中"按钮,如图 3-24 所示。双击工作表名称 Sheet1 或右击工作表名称 Sheet1,在弹出的快捷菜单中选择"重命名"命令(图 3-25),然后修改为"统计表"。

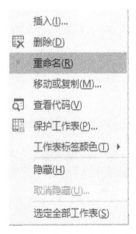

图 3-24　合并后居中　　　　　　　　图 3-25　修改工作表名称

(2)在 G4 中计算职工平均年龄。

在 G4 单元格中输入公式" = AVERAGE(D3:D15)",按【Enter】键确认后即显示,如图 3-26 所示。如果想设置平均值带小数位数,可以选中 G4 单元格并右击,在弹出的快捷菜单中选择"设置单元格格式"命令,打开"设置单元格格式"对话框,选择"数字"选项卡,选择"数值"型,设置要保留的小数位数,一般年龄平均值小数位数设置为 0,如图 3-27 所示。

G4 　=AVERAGE(D3:D15)

	A	B	C	D	E	F	G
1	某公司员工年龄统计表						
2	职工号	姓名	性别	年龄			
3	ZG001	张清	女	37			
4	ZG002	赵四	男	36		平均年龄	37
5	ZG003	李华	女	45		男职工人数	
6	ZG004	王明	男	43		女职工人数	
7	ZG005	陈国庆	男	27		男职工平均年龄	
8	ZG006	李兰	女	50		女职工平均年龄	
9	ZG007	徐天一	男	47			
10	ZG008	王守望	男	33			
11	ZG009	朱一明	男	29			
12	ZG010	陈梅	女	26			
13	ZG011	王帆	女	28			
14	ZG012	唐玲	女	52			
15	ZG013	秦明	男	29			

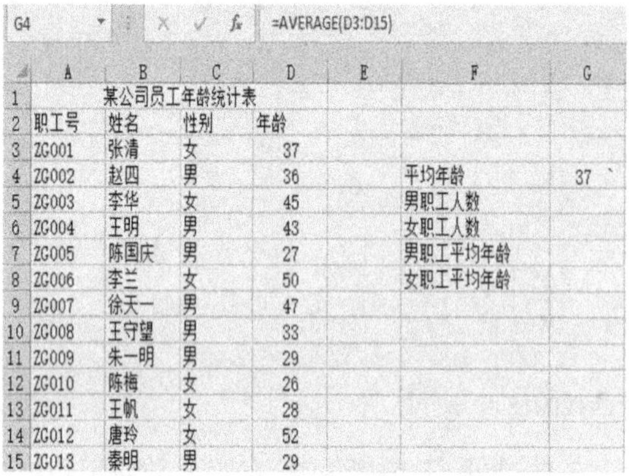

图 3-26　计算平均年龄

图 3-27　设置小数位数

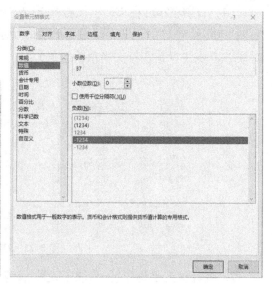

（3）在 G5 中计算男职工人数。

在 G5 单元格中输入公式“ =COUNTIF(C3:C15,"男")”,按【Enter】键确认后即显示，如图 3-28 所示。

G5 　=COUNTIF(C3:C15,"男")

	A	B	C	D	E	F	G
1	某公司员工年龄统计表						
2	职工号	姓名	性别	年龄			
3	ZG001	张清	女	37			
4	ZG002	赵四	男	36		平均年龄	37
5	ZG003	李华	女	45		男职工人数	7
6	ZG004	王明	男	43		女职工人数	
7	ZG005	陈国庆	男	27		男职工平均年龄	
8	ZG006	李兰	女	50		女职工平均年龄	
9	ZG007	徐天一	男	47			
10	ZG008	王守望	男	33			
11	ZG009	朱一明	男	29			
12	ZG010	陈梅	女	26			
13	ZG011	王帆	女	28			
14	ZG012	唐玲	女	52			
15	ZG013	秦明	男	29			

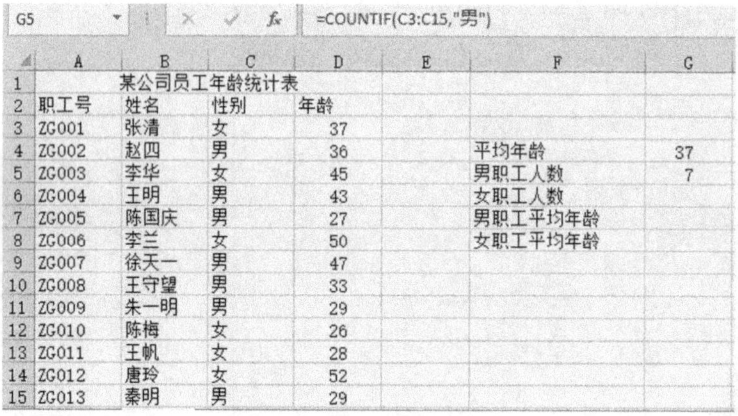

图 3-28　统计男职工人数

（4）在 G6 中计算女职工人数。

在 G6 单元格中输入公式“ =COUNTIF(C3:C15,"女")”,按【Enter】键确认后即显示，如图 3-29 所示。

项目3 Excel 2016 电子表格处理软件的使用

图 3-29 统计女职工人数

（5）在 G7 中计算男职工平均年龄。

这个问题是对表格范围内符合制定条件的值求平均值。我们可以用 AVERAGEIF 函数来解决。在 G7 单元格中输入公式"= AVERAGEIF(C3:C15,"男",D3:D15)"求出男职工平均年龄。选中 G7 单元格并右击，在弹出的快捷菜单中选择"设置单元格格式"命令，打开"设置单元格格式"对话框，选择"数字"选项卡，选择"数值"型，设置要保留的小数位数，一般年龄平均值小数位数设置为 0，如图 3-30 所示。

图 3-30 AVERAGEIF 函数的应用（一）

（6）在 G8 中计算女职工平均年龄。

用上面同样的公式计算女职工平均年龄，如图 3-31 所示。

G8 =AVERAGEIF(C3:C15,"女",D3:D15)

	A	B	C	D	E	F	G
1		某公司员工年龄统计表					
2	职工号	姓名	性别	年龄			
3	ZG001	张清	女	37			
4	ZG002	赵四	男	36		平均年龄	37
5	ZG003	李华	女	45		男职工人数	7
6	ZG004	王明	男	43		女职工人数	6
7	ZG005	陈国庆	男	27		男职工平均年龄	35
8	ZG006	李兰	女	50		女职工平均年龄	40
9	ZG007	徐天一	男	47			
10	ZG008	王守望	男	33			
11	ZG009	朱一明	男	29			
12	ZG010	陈梅	女	26			
13	ZG011	王帆	女	28			
14	ZG012	唐玲	女	52			
15	ZG013	秦明	男	29			

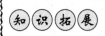

图 3-31 AVERAGEIF 函数的应用(二)

知识拓展

常用函数

分析近几年来的计算机等级考试 Excel 操作题,出现的题型非常广泛,常见的题型包括条件格式、函数(公式)、排序、自动筛选、高级筛选、分类汇总、生成图表、数据透视表(图)等。在函数题型中,SUM 函数、AVERAGE 函数、IF 函数等出现概率较大,要熟练掌握。

1. SUM 函数

主要功能:计算所有参数数值的和。

使用格式:SUM(number1,number2,…)。

参数说明:number1,number2,…代表需要计算的值,可以是具体的数值、引用的单元格(区域)、逻辑值等。

应用举例:统计 5 个月的工资总和。在 B7 单元格中输入"=SUM(B2:B6)",按【Enter】键确认后即显示工资总和,如图 3-32 所示。

B7 =SUM(B2:B6)

	A	B	C	D	E
1	月份	工资			
2	1月	3200			
3	2月	4200			
4	3月	4000			
5	4月	6000			
6	5月	5500			
7	总计	22900			

图 3-32 SUM 函数的使用案例

2. AVERAGE 函数

主要功能：求出所有参数的算术平均值。

使用格式：AVERAGE(number1,number2,…)。

参数说明：number1,number2,…代表需要求平均值的数值或引用单元格(区域)，参数不超过30个。

应用举例：统计5个月的平均工资。在B7单元格中输入"=AVERAGE(B2:B6)"，按【Enter】键确认后即显示工资的平均值，如图3-33所示。

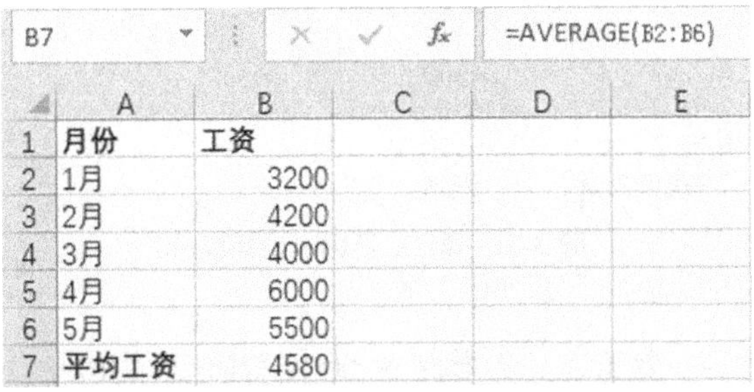

	A	B	C	D	E
1	月份	工资			
2	1月	3200			
3	2月	4200			
4	3月	4000			
5	4月	6000			
6	5月	5500			
7	平均工资	4580			

图3-33　AVERAGE 函数的使用案例

3. MAX 函数

主要功能：求出一组数中的最大值。

使用格式：MAX(number1,number2,…)。

参数说明：number1,number2,…代表需要求最大值的数值或引用单元格(区域)，参数不超过30个。

应用举例：求5个月工资中的最高工资。在B7单元格中输入"=MAX(B2:B6)"，按【Enter】键确认后即显示最高工资，如图3-34所示。

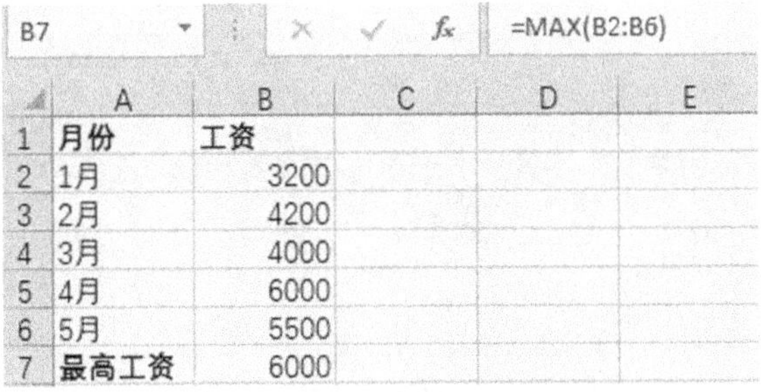

	A	B	C	D	E
1	月份	工资			
2	1月	3200			
3	2月	4200			
4	3月	4000			
5	4月	6000			
6	5月	5500			
7	最高工资	6000			

图3-34　MAX 函数的使用案例

4. MIN 函数

主要功能：求出一组数中的最小值。

使用格式：MIN(number1,number2,…)。

参数说明:number1,number2,…代表需要求最小值的数值或引用单元格(区域),参数不超过30个。

应用举例:求5个月工资中的最低工资。在B7单元格中输入"=MIN(B2:B6)",按【Enter】键确认后即显示最低工资,如图3-35所示。

B7 =MIN(B2:B6)

	A	B	C	D	E
1	月份	工资			
2	1月	3200			
3	2月	4200			
4	3月	4000			
5	4月	6000			
6	5月	5500			
7	最低工资	3200			

图3-35 MIN函数的使用案例

5. RANK函数

主要功能:返回某一数值在一列数值中相对于其他数值的排位。

使用格式:RANK(number,ref,order)。

参数说明:number代表需要排序的数值;ref代表排序数值所处的单元格区域;order代表排序方式参数(如果为"0"或者忽略,则按降序排名,即数值越大,排名结果数值越小;如果为非"0"值,则按升序排名,即数值越大,排名结果数值越大)。

应用举例:将5个月工资从高到低排序。在C2单元格中输入"=RANK(B2,B2:B6,0)",按【Enter】键确认后即显示B2在B2到B6范围内的排名。把鼠标放至单元格右下角,拖动填充柄,复制函数,计算出所有排名。注意在这之前把B2到B6的单元格区域换成绝对地址,保证在复制过程中保持不变。方法如图3-36所示,在行标和列标之前加"$"符号。

C2 =RANK(B2, $B$2:$B$6,0)

	A	B	C	D
1	月份	工资	排序(工资从高到低)	
2	1月	3200	5	
3	2月	4200	3	
4	3月	4000	3	
5	4月	6000	1	
6	5月	5500	1	

图3-36 RANK函数的使用案例

6. COUNT函数

主要功能:统计某个单元格区域中数字项的个数。

使用格式:COUNT(number1,number2,…)。

参数说明:number1,number2,…代表包含或引用各种类型数据的参数(区域),参数不超过30个,但只有数字类型的数据才被计数。

应用举例:求工资表中已发放几个月工资。在 B7 单元格中输入“=COUNT(B2:B6)”,按【Enter】键确认后即显示数量(图3-37)。

注意:如果统计 A2:A6,则显示0,因为月份数列(A列)是字符型数据。

B7 =COUNT(B2:B6)

	A	B	C	D
1	月份	工资		
2	1月	3200		
3	2月	4200		
4	3月	4000		
5	4月	6000		
6	5月	5500		
7	月份共计	5		

图3-37 COUNT 函数的使用案例

7. IF 函数

主要功能:根据对指定条件的逻辑判断的真假结果,返回相对应的内容。

使用格式:IF(logical,value_if_true,value_if_false)。

参数说明:logical 代表逻辑判断表达式;value_if_true 表示当判断条件为逻辑“真(TRUE)”时的显示内容,如果忽略,返回“TRUE”;value_if_false 表示当判断条件为逻辑“假(FALSE)”时的显示内容,如果忽略,返回“FALSE”。

应用举例:IF 函数的难点是多条件嵌套。在工资表的“交税额”列,如果工资低于3000,则填写“300”;如果工资在3000到4000之间,则填写“400”;如果工资高于4000,则填写500(图3-38)。

C2 =IF(B2<3000,"300",IF(B2<4000,"400","500"))

	A	B	C	D	E	F	G
1	月份	工资	交税额				
2	1月	3200	400				
3	2月	4200	500				
4	3月	4000	500				
5	4月	2500	300				
6	5月	5500	500				

图3-38 IF 函数的使用案例

在上例中,第二个 IF 语句同时也是第一个 IF 语句的参数 value_if_false。例如,如果第一个 logical_test(B2 < 3000)为 TRUE,则返回“300”;如果第一个 logical_test 为 FALSE,则计算第二个 IF 语句,以此类推。

思考题:在工资表的“交税额”列,如果工资低于3000,则填写300;如果工资在3000到4000之间,则填写400;如果工资在4000到5000之间,则填写500;如果工资高于5000,则填写700。

8. SUMIF 函数

主要功能:计算符合指定条件的单元格区域内的数值和。

使用格式:SUMIF(range,criteria,sum_range)。

参数说明:range 代表条件判断的单元格区域;criteria 为指定条件表达式;sum_range 代表需要计算的数值所在的单元格区域。

应用举例:求工资表中男职工工资总和、女职工工资总和。在 C7 单元格中输入"=SUMIF(B2:B6,"男",C2:C6)",按【Enter】键确认后即显示男职工工资总和。在 C8 单元格中输入"=SUMIF(B2:B6,B3,C2:C6)",按【Enter】键确认后即显示女职工工资总和。B3 表示的是条件表达式,值为"女",如图 3-39 所示。

C7　=SUMIF(B2:B6,"男",C2:C6)

	A	B	C	D	E
1	工号	性别	工资		
2	A001	男	3200		
3	A002	女	4200		
4	A003	男	4000		
5	A004	女	2500		
6	A005	男	5500		
7	男职工工资总和		12700		
8	女职工工资总和		6700		

C8　=SUMIF(B2:B6,B3,C2:C6)

	A	B	C	D	E
1	工号	性别	工资		
2	A001	男	3200		
3	A002	女	4200		
4	A003	男	4000		
5	A004	女	2500		
6	A005	男	5500		
7	男职工工资总和		12700		
8	女职工工资总和		6700		

图 3-39　SUMIF 函数的使用案例

9. COUNTIF 函数

主要功能:统计某个单元格区域中符合指定条件的单元格数目。

使用格式:COUNTIF(range,criteria)。

参数说明:range 代表要统计的单元格区域;criteria 表示指定的条件表达式。

应用举例:求工资表中男职工人数、女职工人数。在 C7 单元格中输入"=COUNTIF(B2:B6,"男")",按【Enter】键确认后即显示男职工人数。在 C8 单元格中输入"=COUNTIF(B2:B6,B3)",按【Enter】键确认后即显示女职工人数。B3 表示指定的条件表达式,值为"女",如图 3-40 所示。

C7　=COUNTIF(B2:B6,"男")

	A	B	C	D	E
1	工号	性别	工资		
2	A001	男	3200		
3	A002	女	4200		
4	A003	男	4000		
5	A004	女	2500		
6	A005	男	5500		
7	男职工人数		3		
8	女职工人数		2		

图 3-40　COUNTIF 函数的使用案例

10. SUMIFS 函数

主要功能：对满足多个条件的单元格的数值进行求和。

使用格式：SUMIFS(sum_range,crteria_range1,criteria1,[criteria_range2,criteria2],…)。

参数说明：sum_range(必需)，是要求和的单元格区域；criteria_range1(必需)，是用于确定对哪些单元格求和的条件区域1，其形式可以为数字、表达式、单元格引用、文本或函数；criteria1(必需)，是定义将计算 criteria_rang1 中的哪些单元格的求和的条件；criteria_range2,criteria2,…，是附加的区域或其他条件。最多可以输入127个区域/条件对。

应用举例：拍球成绩表如图3-41所示，统计各班男生的拍球总数。在J4单元格中输入公式"=SUMIFS(G3:G12,A3:A12,"小一班",C3:C12,"男")"表示将小一班男生的拍球数量进行求和，结果为12。用同样的公式计算其他班级男生的拍球总数。

图 3-41　SUMIFS 函数的使用案例

11. AVERAGEIFS 函数

主要功能：对满足多个条件的单元格的数值进行求平均值。

使用格式：AVERAGEIFS(average_range,criteria_range1,criteria1,[criteria_range2,criteria2],…)。

参数说明：average_range(必需)，是要求平均值的单元格区域；criteria_range1(必需)，是用于确定对哪些单元格求平均值的条件区域1，其形式可以为数字、表达式、单元格引用、文本或函数；criteria1(必需)，是定义将计算 criteria_rang1 中的哪些单元格求平均值的条件；criteria_range2,criteria2,…是附加的区域或其他条件。最多可以输入127个区域/条件对。

应用举例：拍球成绩表如图3-42所示，统计各班男生的拍球平均数。在J4单元格中输入公式"=AVERAGEIFS(G3:G12,A3:A12,"小一班",C3:C12,"男")"表示将小一班男生的拍球数量进行求平均值，结果为12。用同样的公式计算其他班级男生的拍球平均值。

注意:如果没有符合条件的数据区域(比如中一班没有男生,平均值应该为0),AVERAGEIFS 函数会返回“#DIV/0!”的结果,如果想让其返回一个“0”值,可以在 J10 单元格中输入“=IFERROR(AVERAGEIFS(G3:G12,A3:A12,A9,C3:C12,C11),0)”,IFERROR 函数可以在表达式出错的情况下返回 0 值,如果不出错则返回表达式的值。

J4 =AVERAGEIFS(G3:G12,A3:A12,"小一班",C3:C12,"男")

	A	B	C	D	E	F	G	H	I	J
1	拍球比赛成绩统计表									
2	班级	姓名	性别	第一次	第二次	第三次	总数			
3	小一班	王菲	女	15	12	8	35			
4	小一班	刘力	男	3	5	4	12		小一班男生拍球平均值	12
5	小二班	张云祥	男	7	4	6	17			
6	小二班	周宏	男	5	6	4	15		小二班男生拍球平均值	16
7	小三班	刘亚新	男	4	6	2	12			
8	小三班	周晓梅	女	2	4	3	9		小三班男生拍球平均值	12
9	中一班	金晓燕	女	55	61	58	174			
10	中一班	郑芳	女	60	53	66	179		中一班男生拍球平均值	0
11	中二班	齐明明	男	32	46	50	128			
12	中二班	卢晓	女	53	40	55	148		中二班男生拍球平均值	128

图 3-42　AVERAGEIFS 函数的使用案例

12. COUNTIFS 函数

主要功能:对满足多个条件的单元格的数值进行计数。

使用格式:COUNTIFS(criteria_range1,criteria1,[criteria_range2,criteria2],…)。

参数说明:criteria_range1(必需),是用于确定对哪些单元格计数的条件区域 1,其形式可以为数字、表达式、单元格引用、文本或函数;criteria1(必需),是定义将 criteria_rang1 中的哪些单元格计数的条件;criteria_range2,criteria2,…是附加的区域或其他条件。最多可以输入 127 个区域/条件对。

应用举例:拍球成绩表如图 3-43 所示,统计各班男生的人数。在 J4 单元格中输入公式“=COUNTIFS(A3:A12,"小一班",C3:C12,"男")”表示将小一班男生人数进行统计,结果为 1。用同样的公式统计其他班级男生人数。

J4 =COUNTIFS(A3:A12,"小一班",C3:C12,"男")

	A	B	C	D	E	F	G	H	I	J
1	拍球比赛成绩统计表									
2	班级	姓名	性别	第一次	第二次	第三次	总数			
3	小一班	王菲	女	15	12	8	35			
4	小一班	刘力	男	3	5	4	12		小一班男生人数	1
5	小二班	张云祥	男	7	4	6	17			
6	小二班	周宏	男	5	6	4	15		小二班男生人数	2
7	小三班	刘亚新	男	4	6	2	12			
8	小三班	周晓梅	女	2	4	3	9		小三班男生人数	1
9	中一班	金晓燕	女	55	61	58	174			
10	中一班	郑芳	女	60	53	66	179		中一班男生人数	0
11	中二班	齐明明	男	32	46	50	128			
12	中二班	卢晓	女	53	40	55	148		中二班男生人数	1

图 3-43　COUNTIFS 函数的使用案例

13. VLOOKUP 函数

主要功能:功能是按列查找,最终返回该列所需查询序列所对应的值。

使用格式：VLOOKUP(lookup_value,table_array,col_index_num,range_lookup)。

参数说明：lookup_value(必需)，表示要查找的值，其形式可以为数字、表达式、单元格引用、文本或函数；table_array(必需)，表示要查找的区域，数据表区域；col_index_num(必需)，表示返回数据在查找区域的第几列数；range_lookup(必需)，表示精确匹配/近似匹配，为一个逻辑值，FALSE(或 0)/TRUE(或 1 或不填)。

应用举例：拍球成绩表如图 3-44 所示。在相应单元格中查找部分学生的拍球总数。在 J3 单元格中输入"=VLOOKUP(I3,B3:G12,6,0)"，查找结果填入 J3 单元格。I3 表示学生姓名，B3:G12 表示查找的区域，6 表示拍球的总数在查找区域的第 6 列，0 表示精确匹配。

J3　=VLOOKUP(I3,B3:G12,6,0)

	A	B	C	D	E	F	G	H	I	J
1			拍球比赛成绩统计表							
2	班级	姓名	性别	第一次	第二次	第三次	总数		姓名	总数
3	小一班	王菲	女	15	12	8	35		刘力	12
4	小一班	刘力	男	3	5	4	12		张云祥	17
5	小二班	张云祥	男	7	4	6	17		周宏	15
6	小二班	周宏	男	5	6	4	15		刘亚新	12
7	小三班	刘亚新	男	4	6	2	12		齐明明	128
8	小三班	周晓梅	女	2	4	3	9			
9	中一班	金晓燕	女	55	61	58	174			
10	中一班	郑芳	女	60	53	66	179			
11	中二班	齐明明	男	32	46	50	128			
12	中二班	卢晓	女	53	40	55	148			

图 3-44　COUNTIFS 函数的使用案例

14. 其他函数

(1) ABS 函数。

主要功能：求出相应数字的绝对值。

使用格式：ABS(number)。

参数说明：number 代表需要求绝对值的数值或引用的单元格。

应用举例：如果在 B2 单元格中输入公式"=ABS(A2)"，则在 A2 单元格中无论输入正数(如 100)还是输入负数(如 -100)，B2 中均显示出正数(如 100)。特别提醒：如果 number 参数不是数值，而是一些字符(如 A 等)，则 B2 中返回错误值"#VALUE!"，如图 3-45 所示。

B2　=ABS(A2)

	A	B	C	D	E
1					
2	100	100			
3	-100	100			
4	A	#VALUE!			
5					

图 3-45　ABS 函数的使用案例

(2) TEXT 函数。

主要功能：根据指定的数值格式将相应的数字转换为文本形式。

使用格式:TEXT(value,format_text)。

参数说明:value 代表需要转换的数值或引用的单元格;format_text 为指定文字形式的数字格式。

应用举例:A1 单元格中保存有数值 2415.45,在 B1 单元格中输入公式“=TEXT(A1,"$0.00")”,按【Enter】键确认后显示为“$2415.45”。在 B2 单元格中输入公式“=TEXT(A1,"$0.0")”,按【Enter】键确认后显示为“$2415.5”。

特别提醒:format_text 参数可以根据“单元格格式”对话框中“数字”选项卡中的类型进行确定,如图 3-46 所示。

B1 =TEXT(A1,"$0.00")

	A	B	C	D	E
1	2415.45	$2415.45			
2	2415.45	$2415.5			
3					
4					

图 3-46　TEXT 函数的使用案例

(3) MID 函数。

主要功能:从一个文本字符串的指定位置开始,截取指定数目的字符。

使用格式:MID(text,start_num,num_chars)。

参数说明:text 代表一个文本字符串;start_num 表示指定的起始位置;num_chars 表示要截取的数目。

应用举例:从文件“人员情况表.xlsx”“身份证号”列截取出每个人的出生日期(精确到年),填写到相应“出生年份”列中。在 E2 单元格中输入公式“=MID(D2,7,4)”,按【Enter】键确认后即显示年份。其中 D2 代表一个文本字符串身份证号,7 表示从第 7 位起是出生年份,4 表示截取 4 位即可(图 3-47)。

思考题:如何截取出生年、月、日?

E2 =MID(D2,7,4)

	A	B	C	D	E
1	职工号	姓名	性别	身份证号	出生年份
2	ZG001	张清	女	321324198102226216	1981
3	ZG002	赵四	男	320723198206224412	1982
4	ZG003	李华	女	320581197301010431	1973
5	ZG004	王明	男	320324197510283316	1975
6	ZG005	陈国庆	男	320324199111077039	1991
7	ZG006	李兰	女	320324196808151909	1968
8	ZG007	徐天一	男	320826197104033422	1971
9	ZG008	王守望	男	320902198502088528	1985
10	ZG009	朱一明	男	320324198901030327	1989
11	ZG010	陈梅	女	320322199210243140	1992
12	ZG011	王帆	女	320826199003164709	1990
13	ZG012	唐玲	女	321322196612106236	1966
14	ZG013	秦明	男	320321198904083626	1989

图 3-47　MID 函数的使用案例

(4) VALUE 函数。

主要功能:将代表数字的文本字符串转换成数字。

使用格式:VALUE(text)。

参数说明:VALUE 函数只有一个参数 text,表示需要转换成数值格式的文本。text 参数可以用双引号直接引用文本,也可以引用其他单元格中的文本。

应用举例:在人员情况表中,根据出生年份计算每个人的年龄,并复制到某公司年龄统计表"年龄"列中。在 F2 单元格中输入公式"=2018-VALUE(E2)",按【Enter】键确认后即显示年龄,如图 3-48 所示。

思考题:如果 E 列的值为"1981 年,1982 年,…",如何计算出年龄?

图 3-48　VALUE 函数的使用案例

(5) YEAR 函数。

主要功能:返回一个日期的年份值,范围为 1900—9999 之间的值。

使用格式:YEAR(serial_number)。

参数说明:serial_number 为一个日期型数据。

应用举例:从文件"会员情况表.xlsx""生日"列截取出每个人的出生年份,填写到相应列中。在 D2 单元格中输入公式"=YEAR(C2)",回车确认后即显示年份。

图 3-49　YEAR 函数的使用案例

(6) MONTH 函数。

主要功能:返回一个日期的月份值,范围为 1(一月)—12(十二月)之间的值。

使用格式:MONTH(serial_number)。

参数说明:serial_number 为一个日期型数据。

应用举例:从文件"会员情况表.xlsx""生日"列截取出每个人的出生月份,填写到相应列中。在 E2 单元格中输入公式"= MONTH(C2)",回车确认后即显示月份。

	A	B	C	D	E	F	G	H
1	会员编号	性别	生日	年	月	日	年龄	会员入会日
2	DM081036	F	1956/4/21	1956	4		63	2015/2/6
3	DM081037	M	1995/5/9	1995	5		24	2014/9/30
4	DM081038	F	1949/4/30	1949	4		70	2015/6/8
5	DM081039	F	1963/10/10	1963	10		56	2015/1/1
6	DM081040	M	1992/5/7	1992	5		27	2015/2/26
7	DM081041	F	1964/7/26	1964	7		55	2015/7/27
8	DM081042	F	1979/9/28	1979	9		40	2014/3/15
9	DM081043	M	1955/4/8	1955	4		64	2013/11/25
10	DM081044	F	1996/2/21	1996	2		23	2015/4/12
11	DM081045	M	1962/3/12	1962	3		57	2013/10/1
12	DM081046	F	1976/1/9	1976	1		43	2015/4/14
13	DM081047	F	1942/1/14	1942	1		77	2015/2/11
14	DM081048	F	1982/6/1	1982	6		37	2013/11/5

图 3-50　MONTH 函数的使用案例

(7) DAY 函数。

主要功能:返回一个月的第几天的数值,范围为 1—31 之间的值。

使用格式:YEAR(serial_number)。

参数说明:serial_number 为一个日期型数据。

应用举例:从文件"会员情况表.xlsx""生日"列截取出每个人的出生日,填写到相应列中。在 F2 单元格中输入公式"= DAY(C2)",回车确认后即显示第几天。

	A	B	C	D	E	F	G	H
1	会员编号	性别	生日	年	月	日	年龄	会员入会日
2	DM081036	F	1956/4/21	1956	4	21	63	2015/2/6
3	DM081037	M	1995/5/9	1995	5	9	24	2014/9/30
4	DM081038	F	1949/4/30	1949	4	30	70	2015/6/8
5	DM081039	F	1963/10/10	1963	10	10	56	2015/1/1
6	DM081040	M	1992/5/7	1992	5	7	27	2015/2/26
7	DM081041	F	1964/7/26	1964	7	26	55	2015/7/27
8	DM081042	F	1979/9/28	1979	9	28	40	2014/3/15
9	DM081043	M	1955/4/8	1955	4	8	64	2013/11/25
10	DM081044	F	1996/2/21	1996	2	21	23	2015/4/12
11	DM081045	M	1962/3/12	1962	3	12	57	2013/10/1
12	DM081046	F	1976/1/9	1976	1	9	43	2015/4/14
13	DM081047	F	1942/1/14	1942	1	14	77	2015/2/11
14	DM081048	F	1982/6/1	1982	6	1	37	2013/11/5

图 3-51　DAY 函数的使用案例

实验 3-3　数据排序、筛选与分类汇总

通过对实验 3-1 的学习,我们对 Excel 中的基本操作、表格的修饰已经相当熟练;通过对实验 3-2 的学习,我们对 Excel 中运用公式和函数对表中的数据进行处理也有了一定的了解。除此之外,我们还可以通过数据的排序、筛选和分类汇总进行更复杂、更高级的数据处理工作。本实验以某单位面试人员成绩作为数据进行计算、统计和分析。

实验案例

制作一份面试人员成绩统计表。

实验学时

2 学时。

实验目的

1. 掌握公式和函数的使用方法。
2. 掌握数据排序的方法。
3. 掌握数据筛选的方法。
4. 掌握数据分类汇总的方法。

实验任务

制作面试人员成绩统计表并进行数据处理,效果如图 3-52 所示。(统计表在"实验素材\Excel\实验 3"文件夹中)

1. 启动 Excel 2016,打开"面试人员成绩统计表.xlsx"文件。
2. 将工作表命名为"原始成绩表",并复制一份工作表,命名为"成绩统计表"。
3. 打开"成绩统计表",在"制表日期"后录入当天日期,利用公式和函数进行数据计算。
(1) 计算年龄:年龄 =(制表日期 − 出生日期)/365(小数位数为 0)。
(2) 计算总分:总分 = 笔试 1 + 笔试 2 + 礼仪 + 素质 + 面试。
(3) 计算平均分:平均分 =(笔试 1 + 笔试 2 + 礼仪 + 素质 + 面试)/5(小数位数为 0)。
(4) 计算等级:利用 IF 函数计算,平均分为 85 分(含)至 100 分(含)的等级为"优

面试人员成绩统计表

序号	姓名	性别	出生日期	年龄	笔试1	笔试2	礼仪	素质	面试	总分	平均分	等级
									制表日期		2021/2/1	
1	周兵	男	1988/10/30	32	68	70	72	80	70	360	72	中等
2	张坡	男	1990/2/4	31	70	73	75	75	78	371	74	中等
3	李明	男	1989/3/1	32	80	74	80	80	85	399	80	中等
4	王晓青	女	1991/11/24	29	63	62	68	70	76	339	68	合格
5	周芳芳	女	1987/3/4	34	76	80	88	90	98	432	86	优秀
6	石建国	男	1988/3/7	33	45	43	50	60	60	258	52	不合格
7	梁俊	男	1990/9/30	30	71	79	80	90	94	414	83	中等
8	杨小军	男	1989/7/25	31	88	90	91	95	97	461	92	优秀
9	陈明	男	1991/4/16	30	64	76	78	80	79	377	75	中等
10	李艳	女	1986/2/5	35	90	93	90	85	89	447	89	优秀
11	赵磊	男	1989/10/27	31	82	85	89	95	93	444	89	优秀
12	马芸	女	1990/5/2	31	55	56	60	75	52	298	60	不合格
最高总分										461		
最低总分										258		
等级为优秀的人数										4		

图 3-52 "面试人员成绩统计表"效果图

秀",平均分为70分(含)至85分(不含)的等级为"中等",平均分为60分(含)至70分(不含)的等级为"合格",平均分为60分以下的等级为"不合格"。

(5) 计算最高总分:总分的最大值。

(6) 计算最低总分:总分的最小值。

(7) 计算等级为"优秀"的人数:利用COUNTIF函数求出等级为"优秀"的人数。

4. 对工作表"成绩统计表"进行格式设置(设置效果可参考图3-52)。

5. 设置工作表"成绩统计表"打印区域为A1:M18。

6. 将工作表"成绩统计表"复制5份,分别命名为"按总分降序排序""按总分和面试降序排序""筛选总分前5名""筛选面试高于90分或总分高于400分的人员""按性别分类汇总各项目平均分"。

7. 打开工作表"按总分降序排序",按照总分对工作表降序排序。

8. 打开工作表"按总分和面试降序排序",按照主要关键字"总分"、次要关键字"面试"降序进行排序。

9. 打开工作表"筛选总分前5名",将总分前5名筛选出来。

10. 打开工作表"筛选面试高于90分或总分高于400分的人员",将面试高于90分或总分高于400分的人员筛选出来放在以A24开头的区域中。

11. 打开工作表"按性别分类汇总各项目平均分",先按照"性别"排序,再统计各项目男生和女生的成绩平均分。

12. 保存工作簿。

实验步骤

1. 启动 Excel 2016,打开"面试人员成绩统计表.xlsx"文件。

步骤略。

2. 将工作表命名为"原始成绩表",并复制一份工作表,命名为"成绩统计表"。

(1)重命名工作表:右击工作表标签Sheet1,在弹出的快捷菜单中选择"重命名"命令,更改工作表的名称为"原始成绩表"。

(2)复制工作表:选择"原始成绩表"工作表标签并右击,在弹出的快捷菜单中选择"移动或复制工作表"命令,弹出"移动或复制工作表"对话框,如图3-53所示,将选定的工作表移至当前工作簿,选中"建立副本"复选框,如图3-53所示,单击"确定"按钮。将复制得到的工作表命名为"成绩统计表"。

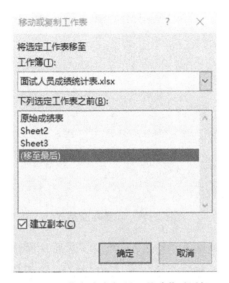

图 3-53 "移动或复制工作表"对话框

3. 打开"成绩统计表",在"制表日期"后录入当天日期,利用公式和函数进行数据计算。

(1)计算年龄:年龄=(制表日期-出生日期)/365(小数位数为0)。

① 计算年龄。

将光标定位在第一个人的"年龄"单元格 E4 中,在编辑栏中输入公式"=(M2-D4)/365"。将鼠标指针定位在公式中的 M2,按快捷键【F4】或直接输入符号"$",使得公式中对单元格 M2 的引用成为绝对地址引用,更改后的 E4 单元格公式为"=($M$2-D4)/365",如图3-54所示,按【Enter】键确定。拖动单元格 E4 的填充柄到 E15,计算出每位面试人员的年龄。

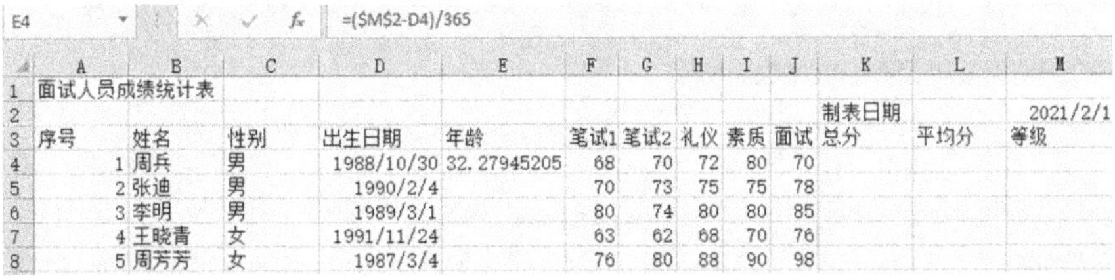

图 3-54 计算年龄

② 设置年龄格式。

选中 E4:E15 单元格并右击,在弹出的快捷菜单中选择"设置单元格格式"命令,打开

"设置单元格格式"对话框,选择"数字"选项卡,在"分类"列表框中选择"数值"选项,"小数位数"设置为"0",如图 3-55 所示。

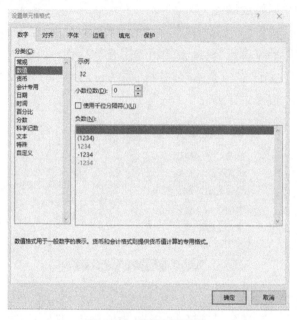

图 3-55　设置年龄格式

(2) 计算总分:总分 = 笔试 1 + 笔试 2 + 礼仪 + 素质 + 面试。

计算总分,方法为将光标定位在第一个人的"总分"单元格 K4 中,单击编辑栏中的插入函数按钮 f_x,打开"插入函数"对话框。在"选择函数"列表框中选中 SUM 函数,如图 3-56 所示,单击"确定"按钮,弹出"函数参数"对话框,在 Number1 中选择要求和的参数为"F4:J4"区域(图 3-57),单击"确定"按钮。选择 K4 单元格,拖动其填充柄至 K15 单元格,计算出每位面试人员的总分。

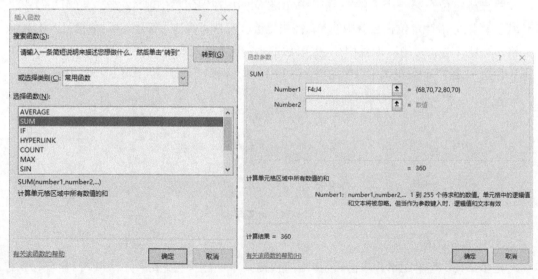

图 3-56　插入函数　　　　　　　　图 3-57　设置函数范围

(3) 计算平均分：平均分=（笔试1+笔试2+礼仪+素质+面试）/5（小数位数为0）。

计算平均分，方法参考以上求总分的方法。L4单元格的函数为"=AVERAGE(F4:J4)"，利用填充柄求出每位面试人员的平均分。

设置平均分格式的方法与设置总分的方法类似。

(4) 计算等级：利用IF函数计算，平均分为85分（含）至100分（含）的等级为"优秀"，平均分为70分（含）至85分（不含）的等级为"中等"，平均分为60分（含）至70分（不含）的等级为"合格"，平均分为60分以下的等级为"不合格"。

计算等级的方法为：将光标定位在第一个人的"等级"单元格M4中，在编辑栏中输入函数"=IF(L4<60,"不合格",IF(L4<70,"合格",IF(L4<85,"中等","优秀")))"，按【Enter】键确定。拖动M4填充柄到M15，计算出所有人员的等级。

(5) 计算最高总分：总分的最大值。

计算最高总分的方法为：将光标定位在单元格E16，在编辑栏中输入函数"=MAX(K4:K15)"，按【Enter】键确定即可。

(6) 计算最低总分：总分的最小值。

计算最低总分的方法为：将光标定位在单元格E17，在编辑栏中输入函数"=MIN(K4:K15)"，按【Enter】键确定即可。

(7) 计算等级为"优秀"的人数。

计算等级为"优秀"的人数的方法为：将光标定位在单元格E18，在编辑栏中输入函数"=COUNTIF(M4:M15,"优秀")"，按【Enter】键确定即可。

4. 对工作表"成绩统计表"进行格式设置（设置效果可参考图3-52）。

步骤略。

5. 设置工作表"成绩统计表"打印区域为A1:M18。

选中"成绩统计表"数据区域A1:M18，执行"文件"→"打印"→"设置"→"打印选定区域"命令，如图3-58所示。

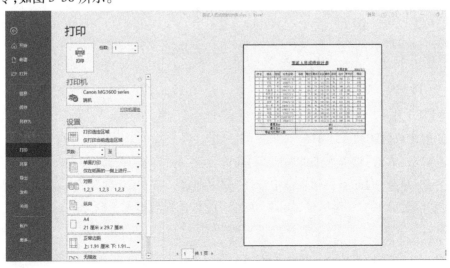

图3-58　设置打印区域

6. 将工作表"成绩统计表"复制 5 份，分别命名为"按总分降序排序""按总分和面试降序排序""筛选总分前 5 名""筛选面试高于 90 分或总分高于 400 分的人员""按性别分类汇总各项目平均分"。

（1）选中"成绩统计表"的工作表标签，按住【Ctrl】键，同时拖拽鼠标左键，将工作表复制出 5 份。

（2）在各工作表标签处双击，对工作表进行改名，如图 3-59 所示。

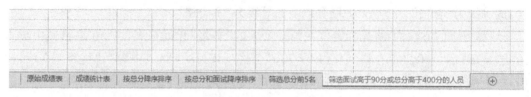

图 3-59　复制工作表

7. 打开工作表"按总分降序排序"，按照总分对工作表降序排序。

（1）选中数据区域 A3:M15。

（2）单击"数据"选项卡下的"排序和筛选"组中的"排序"按钮，弹出"排序"对话框，如图 3-60 所示。主要关键字选择"总分"，"次序"选择"降序"，单击"确定"按钮。

8. 打开工作表"按总分和面试降序排序"，按照主要关键字"总分"、次要关键字"面试"降序进行排序。

（1）选中数据区域 A3:M15。

（2）单击"数据"选项卡下的"排序和筛选"组中的"排序"按钮，弹出"排序"对话框，如图 3-61 所示。"主要关键字"选择"总分"，"次序"选择"降序"。单击"添加条件"按钮，"次要关键字"选择"面试"，"次序"选择"降序"，单击"确定"按钮。

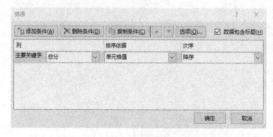 

图 3-60　单关键字排序　　　　　　　图 3-61　多关键字排序

9. 打开工作表"筛选总分前 5 名"，将总分前 5 名筛选出来。

（1）选中数据区域 A3:M15。

（2）单击"数据"选项卡下的"排序和筛选"组中的"筛选"按钮，进入自动筛选状态。

（3）在"总分"列的下拉列表框中选择"数字筛选"→"前 10 项"命令，如图 3-62 所示，弹出"自动筛选前 10 个"对话框，如图 3-63 所示，按图设置显示 5 项，即总分前 5 名。

项目3　Excel 2016 电子表格处理软件的使用

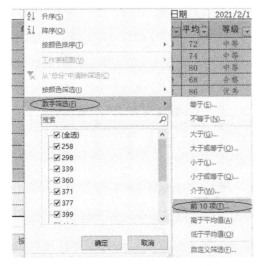

图 3-62　选择"10 个最大的值"命令

图 3-63　"自动筛选前 10 个"对话框

10. 打开工作表"筛选面试高于 90 分或总分高于 400 分的人员",将面试高于 90 分或总分高于 400 分的人员筛选出来放在以 A24 开头的区域中。

（1）此项操作需用到高级筛选。在表头设置条件区域。在表格最上方插入三行,复制表头到第 1 行,并设置条件,如图 3-64 所示。

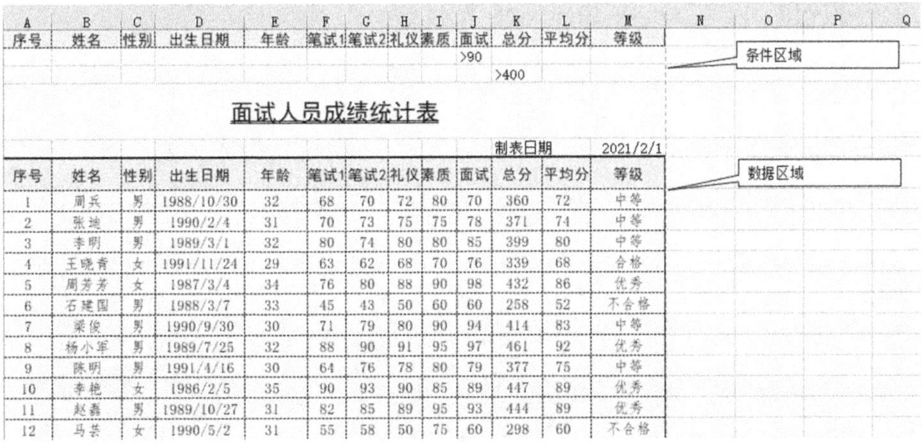

图 3-64　高级筛选区域

（2）选定数据区任一单元格,单击"数据"选项卡下的"排序与筛选"组中的"高级"按钮,弹出"高级筛选"对话框,如图 3-65 所示。"方式"选择"将筛选结果复制到其他位置";单击"列表区域"后的  按钮,选择列表区域(A6：M18);单击"条件区域"后的  按钮,选择条件区域(A1：M3);单击"复制到"后的  按钮,选择结果区域(A24);单击"确定"按钮,结果如图 3-66 所示。

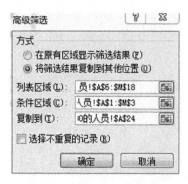

图 3-65 "高级筛选"对话框

图 3-66 高级筛选结果

自动筛选只适用于列与列之间是"与"的关系,列与列之前如果是"或"的关系,只能用高级筛选。

11. 打开工作表"按性别分类汇总各项目平均分",先按照"性别"排序,再统计各项目男生和女生的成绩平均分。

(1) 选中数据区域 A3:M15,按照"性别"进行排序。

(2) 单击"数据"选项卡下的"分级显示"组中的"分类汇总"按钮,弹出"分类汇总"对话框,如图 3-67 所示。"分类字段"选择"性别","汇总方式"选择"平均值","选定汇总项"勾选"平均分"复选框。勾选"替换当前分类汇总""汇总结果显示在数据下方"复选框,单击"确定"按钮即可。汇总结果如图 3-68 所示。

图 3-67 "分类汇总"对话框

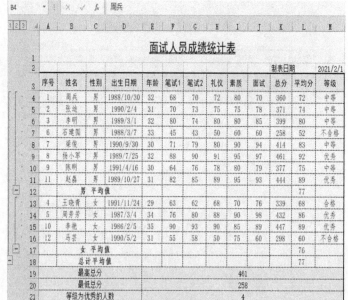

图 3-68 分类汇总结果

12. 保存工作簿。

选择"文件"→"保存"命令。

知识拓展

关于分类汇总

分类汇总时要先排序再汇总。如果想撤消分类汇总效果,可以再次打开"分类汇总"对话框,单击"全部删除"按钮。汇总结果中,单击 ➕ 按钮可展开汇总项,单击 ➖ 按钮可折叠汇总项。

排序中如遇到按特定要求序列排序,则需要自定义序列。例如,按"年级"对学生总分进行排序。年级既不能按照拼音,也不能按照笔画来排序,因此这是一个自定义的序列。单击数据区任意单元格,单击"数据"选项卡下的"排序和筛选"组中的"排序"按钮,打开"排序"对话框。选择"次序"下的"自定义序列"(图 3-69),弹出"自定义序列"对话框(图 3-70),输入年级,单击"添加"按钮,回到"排序"对话框,选择主要关键字"年级"(图 3-71),单击"确定"按钮。自定义序列排序结果如图 3-72 所示。

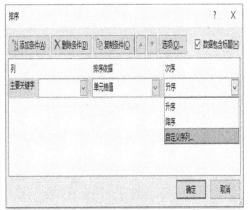

图 3-69　选择自定义序列

图 3-70　添加自定义序列

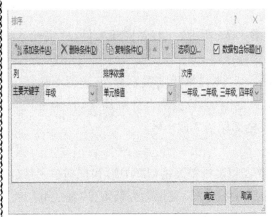

图 3-71　按自定义序列排序　　　图 3-72　自定义序列排序结果

实验3-4 图表操作

通过前面几个实验,我们对 Excel 中的基本操作、表格的修饰、公式和函数的使用、数据处理等已经相当熟练,本实验将运用图表对表中的数据进行显示。由于 Excel 制作表格的专业性,生成图表非常方便快捷,数据更新后图表的更新也更加方便。本实验通过餐厅消耗项目数据生成相应统计图表,并进行图表的修饰。

实验案例

制作一份餐厅消耗项目报表。

实验学时

2 学时。

实验目的

1. 掌握图表的生成方法。
2. 掌握图表的修饰方法。

实验任务

完成"餐厅消耗项目"图表排版,效果如图 3-73 所示。(相关实验素材在"实验素材\Excel\实验4"文件夹中)

1. 利用 SUM 函数对"本日金额""本周累计""本月累计""类别合计"进行求和。
2. 利用公式求日均比重(日均比重=本日金额/本日金额合计)、周平均(周平均=本周累计/7)、月平均(月平均=本月累计/30),全部保留 2 位小数。
3. 表格的格式化。
(1)合并表格标题单元格(A1:K1),合并公司名称单元格(B2:D2)和日期单元格(J2:K2);合并单元格(E2:I2);填充标题单元格底纹为绿色;设置标题为黑体、20 磅、白色;标题行高为 30 磅。
(2)设置第 2 行、第 3 行、最后一行单元格底纹为绿色;设置字体为宋体、12 磅、白色;设置第 2 行、最后一行行高为 18 磅,第 3 行行高为 32 磅,单元格自动换行。

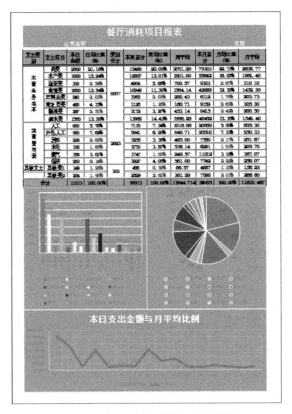

图 3-73 餐厅消耗项目报表效果图

（3）在第 2 行、第 3 行中间插入一空行，行高为 5 磅，底纹为白色。

（4）将"主营业务成本""运营费用类"单元格设置为文本方向"竖排"。

（5）设置单元格样式为"标题"→"汇总"。

（6）选择 A2:K21，设置表格中间竖线为黑色细实线。

（7）设置第 1 行下边框为黑色双细实线。

（8）调整各列列宽。

4．设置所有比重小于 3% 的单元格为红色字体。

5．绘制日支出项的簇状柱形图。

（1）选择数据源为数据区域 B4:C20。

（2）选择图表类型为"簇状柱形图"。

（3）移动图表位置到指定区域 A22:F40，调整图表大小。

（4）设置图表布局为"布局 4"。

（5）设置图表格式：数据点填充彩色（如样张）；删除横坐标轴；设置坐标轴格式的主要刻度单位为 400；设置图表背景颜色为浅绿色；设置绘图区颜色为浅绿色；设置主要横网格线颜色为白色。

6．绘制日支出项的饼图。

（1）选择数据源为数据区域 B4:C20。

(2)选择图表类型为二维饼图。

(3)移动图表位置到指定区域 G22:K40,调整图表大小。

(4)设置图表格式:删除图表标题;增加数据标签为"最佳匹配";设置图表背景颜色为浅绿色。

7. 绘制本日金额与月平均比例折线图。

(1)选择数据源为数据区域 C4:C20 和 K4:K20。

(2)选择图表类型为二维折线图。

(3)移动图表位置到指定区域 B41:K56,调整图表大小。

(4)设置图表格式:添加图表标题"本日支出金额与月平均比例",颜色为白色;修改图表样式为样式 3;调整图例到图表底部;设置图表和绘图区颜色均为浅绿色。

8. 以新文件名"餐厅消耗项目图表.xlsx"保存文件。

实验步骤

打开"实验素材\Excel\实验4\餐厅消耗项目报表"进行操作。

1. 利用 SUM 函数对"本日金额""本周累计""本月累计""类别合计"进行求和。
参考实验 3-2,注意求和的数据区域。

2. 利用公式求日均比重(日均比重 = 本日金额/本日金额合计)、周平均(周平均 = 本周累计/7)、月平均(月平均 = 本月累计/30),全部保留 2 位小数。

(1)在 D4 单元格中输入公式" = C4/$C$20",利用填充柄进行公式复制。

(2)在 H4 单元格中输入公式" = F4/7",利用填充柄进行公式复制。

(3)在 K4 单元格中输入公式" = I4/30",利用填充柄进行公式复制。

(4)按住【Ctrl】键选择不连续的两列,选中 H 列、K 列并右击,在弹出的快捷菜单中选择"设置单元格格式"命令,弹出"设置单元格格式"对话框,选择"数字"选项卡,在"分类"中选择"数值",保留 2 位小数。

3. 表格的格式化。

(1)合并表格标题单元格(A1:K1),合并公司名称单元格(B2:D2)和日期单元格(J2:K2);合并单元格(E2:I2);填充标题单元格底纹为绿色;设置标题为:黑体,20 磅,白色;标题行行高为 30 磅。

(2)设置第 2 行、第 3 行、最后一行单元格底纹为绿色;设置字体为宋体,12 磅,白色;设置第 2 行、最后一行行高为 18 磅,第 3 行行高为 32 磅,单元格自动换行。

(3)在第 2 行、第 3 行中间插入一空行,行高为 5 磅,底纹为白色。

(4)将"主营业务成本""运营费用类"单元格设置为文本方向"竖排",如图 3-74 所示。

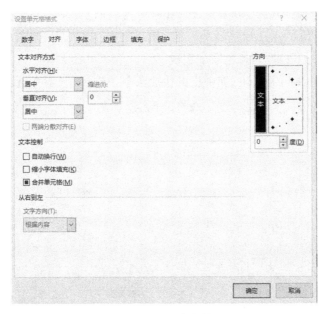

图 3-74　文本竖排

（5）设置单元格样式为"标题"→"汇总"。

选择表格区域 A4:K21，单击"开始"选项卡下的"样式"组中的"单元格样式"按钮，在下拉列表中选择"标题"→"汇总"，如图 3-75 所示。

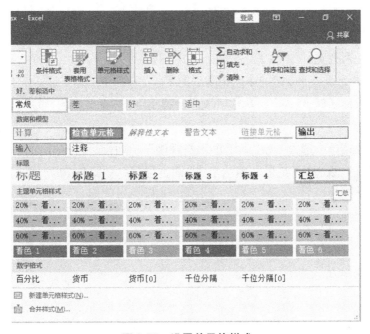

图 3-75　设置单元格样式

（6）选择 A4:K21，设置表格中间竖线为黑色细实线。

选择表格区域 A4:K21 并右击，在弹出的快捷菜单中选择"设置单元格格式"命令，选择"边框"选项卡,选择样式为"单实线",选择颜色为"黑色",单击三个竖线按钮,单击"确定"按钮,如图 3-76 所示。

(7) 设置第 1 行下边框为黑色双细实线。

选择第 1 行(A4:K4)并右击,在弹出的快捷菜单中选择"设置单元格格式"命令,选择"边框"选项卡,选择样式为"双实线",选择颜色为"黑色",单击 ▦ 按钮,单击"确定"按钮,如图 3-77 所示。

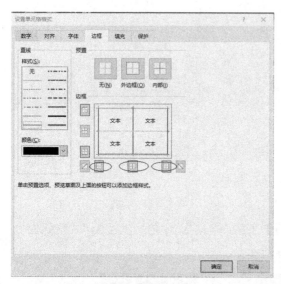 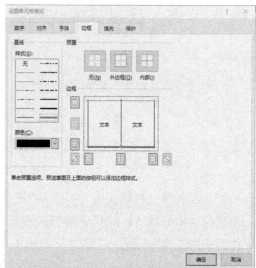

图 3-76 "边框"选项卡(一)   图 3-77 "边框"选项卡(二)

(8) 调整各列列宽。

4. 设置所有比重小于3%的单元格为红色字体。

(1) 选择数据区域 B5:K20,单击"开始"选项卡下的"样式"组中的"条件格式"按钮,如图 3-78 所示。

(2) 在下拉菜单中选择"突出显示单元格规则"→"小于",在弹出的"小于"对话框中输入条件为"3%",设置为"红色文本",单击"确定"按钮,如图 3-79 所示。

图3-78 "条件格式"下拉列表

图3-79 "小于"对话框

5. 绘制日支出项的簇状柱形图。

（1）选择数据源。

选择日支出项的数据区域B4:C20（"支出项目"和"本日金额"两列）。

（2）选择图表类型。

单击"插入"选项卡下的"图表"组中的"插入柱形图或条形图"按钮，在下拉列表中选择"簇状柱形图"，如图3-80所示，图表已被插入表格中。

（3）移动图表位置，调整图表大小。

单击插入的图表外框，鼠标变成十字箭头时拖动图表到指定区域B22:F40。单击图标外框中间或对角，鼠标变成上下箭头时可以调整图表大小，如图3-81所示。

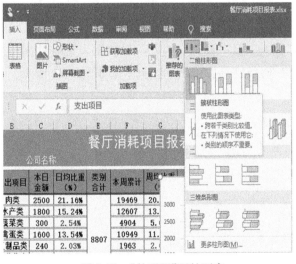

图3-80 "柱形图"下拉列表

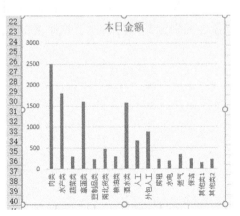

图3-81 插入的图表

(4) 设置图表布局。

完成 Excel 图表的创建后,可以通过设置图表文字和图表样式来美化图表,同时用户也可以对图表的布局进行重新设置以使其符合自己的需要。Excel 2016 提供了 11 种布局方案,如图 3-82 所示。

单击插入的图表外框,单击"图表工具—设计"选项卡下的"图表布局"组中的"快速布局"按钮,在下拉列选择"布局 4",效果如图 3-83 所示。

图 3-82　图表布局　　　　　　　　图 3-83　图表工具栏

(5) 设置图表格式。

① 设置数据点格式:右击第一系列"肉类",在弹出的快捷菜单中选择"设置数据点格式"命令,打开"设置数据点格式"任务窗格,选择"填充"→"纯色填充",在"颜色"下选择"红色",此时图例中出现红色"肉类"图例,如图 3-84 所示。按此方法,设置其他系列填充颜色。设置结束关闭任务窗格。

② 删除横坐标轴:单击绘图区,单击"图表工具—设计"选项卡下的"图表布局"组中的"添加图表元素"按钮,在下拉列表中选择"坐标轴"→"主要横坐标轴",如图 3-85 所示。

项目 3　Excel 2016 电子表格处理软件的使用

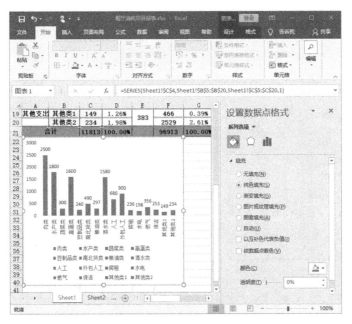

图 3-84　设置数据点格式

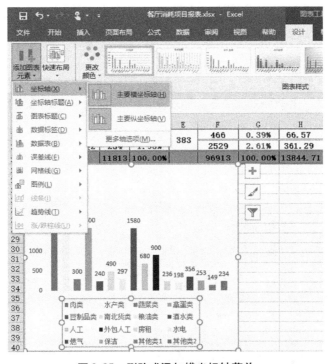

图 3-85　删除或添加横坐标轴菜单

③ 设置坐标轴格式的主要刻度单位为 400：右击纵坐标轴，在弹出的快捷菜单中选择"设置坐标轴格式"命令，弹出"设置坐标轴格式"任务窗格，选择"坐标轴选项"→"单位"，设置"主要"为"400"，如图 3-86 所示。

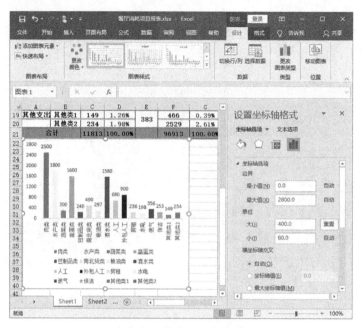

图 3-86 设置坐标轴格式

④ 设置图表背景颜色:右击图表空白处,在弹出的快捷菜单中选择"设置图表区域格式"命令,打开"设置图表区格式"任务窗格,选择"填充"→"纯色填充",在"颜色"中选择浅绿色,如图 3-87 所示。

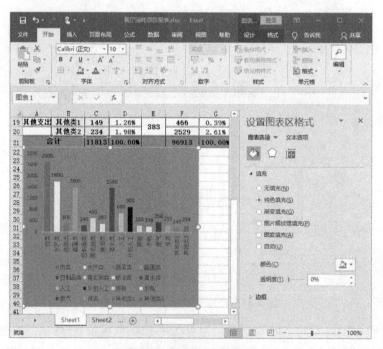

图 3-87 设置图表背景色

⑤ 设置绘图区背景颜色:右击绘图区空白处,在弹出的快捷菜单中选择"绘图区格式"命

令,打开"设置绘图区格式"任务窗格,选择"填充"→"纯色填充",在"颜色"中选择浅绿色。

⑥ 设置网格线颜色:单击图表,单击"设计"选项卡下的"图表布局"组中的"添加图表元素"按钮,在下拉列表中选择"网格线"→"更多网格线选项",弹出"设置主要网格线格式"任务窗格,设置线条为实线,颜色选白色,如图3-88所示。最终柱形图效果如图3-89所示。

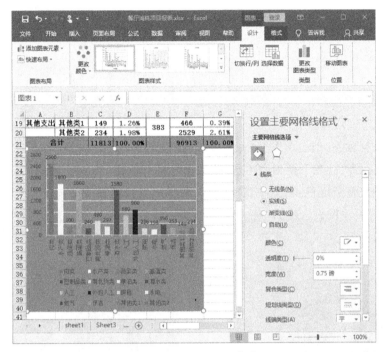

图3-88 设置网格线颜色

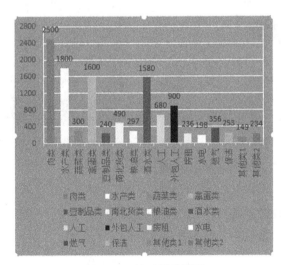

图3-89 柱形图效果图

6. 绘制日支出项的饼图。

(1) 选择数据源。

选择日支出项的数据区域 B4:C20("支出项目"和"本日金额"两列)。

(2) 选择图表类型。

单击"插入"选项卡下的"图表"组中的"饼图"按钮,在下拉列表中选择"二维饼图"→"饼图",即在表格中插入一张饼图,如图 3-90 所示。

(3) 移动图表位置,调整图表大小。

单击插入的图表外框,当鼠标变成十字箭头时拖动图表到指定区域 G22:K40。单击图标外框中间或对角,当鼠标变成上下箭头时可以调整图表大小。

(4) 设置图表格式。

① 删除图表标题:选择标题并右击,在弹出的快捷菜单中选择"删除"命令。或单击"图表工具—设计"选项卡下的"图表布局"组中的"添加图表元素",在下拉列表中选择"图表标题"的"无"选项。

② 增加数据标签:单击图表空白处,单击"图表工具—设计"选项卡下的"图表布局"组中的"添加图表元素",在下拉列表中选择"数据标签"的"最佳匹配"命令。

③ 设置图表背景颜色:右击图表空白处,在弹出的快捷菜单中选择"设置图表区域格式"命令,弹出"设置图表区格式"任务窗格,选择"填充"→"纯色填充",颜色选择浅绿色,效果如图 3-91 所示。

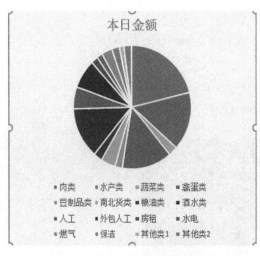

图 3-90　创建的饼图

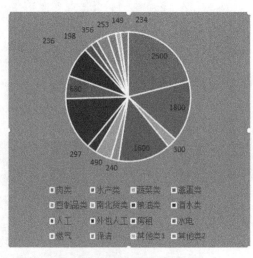

图 3-91　设置格式后的饼图

7. 绘制本日金额与月平均比例折线图。

(1) 选择数据源。

选择日支出项的数据区域 C4:C20 和 K4:K20("支出项目"和"月平均"两列)。先选择 C4:C20,再按住【Ctrl】键,拖动鼠标选择 K4:K20。

(2) 选择图表类型。

单击"插入"选项卡下的"图表"组中的"插入折线图或面积图"按钮,在下拉列表中选择"二维折线图"→"带数据标记的折线图"命令,即插入一张折线图,如图 3-92 所示。

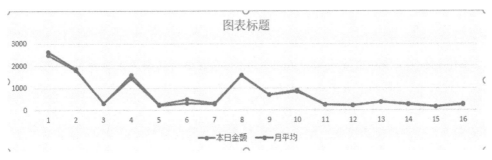

图 3-92　创建的折线图

（3）移动图表位置，调整图表大小。

① 单击插入的图表外框，当鼠标光标变成十字箭头时拖动图表到指定区域 B41:K56。

② 单击图表外框中间或对角，当鼠标光标变成上下箭头时可以调整图表大小。

（4）设置图表格式。

① 修改图表标题：单击图表标题，修改为"本日支出金额与月平均比例"，在"开始"选项卡下的"字体"组中，设置字体颜色为白色。

② 修改图表样式：单击图表空白处，执行"图表工具—设计"→"图表样式"→"样式10"命令。

③ 调整图例位置：单击图表空白处，执行"图表工具—设计"→"图表布局"→"添加图表元素"→"图例"→"底部"命令。

④ 设置图表背景颜色：单击图表空白处，在弹出的快捷菜单中选择"设置图表区域格式"命令，弹出"设置图表区格式"任务窗格，选择"填充"→"纯色填充"，颜色选择浅绿色。

⑤ 设置坐标轴格式为"货币"型：选中 Y 轴，单击鼠标右键，在弹出的快捷菜单中选择"设置坐标轴格式"，打开"设置坐标轴格式"任务窗格，选择"坐标轴选项"→"数字"→"货币"，如图 3-93 所示。

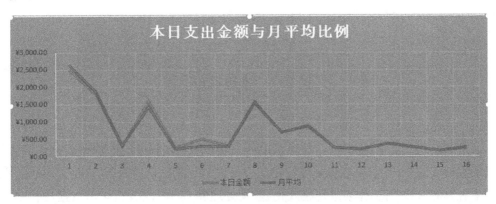

图 3-93　折线图效果图

8. 以新文件名"餐厅消耗项目图表.xlsx"保存文件。

选择"文件"→"另存为"命令，选择"实验素材"文件夹，输入新文件名，单击"保存"按钮。

知识拓展

Excel 提供了多种内置的格式的组合方式,可以将它们套用到单元格区域,自动快速格式化表格,提高格式化效率。比如案例中使用的是单元格样式。我们也可以使用套用表格格式。Excel 2016 增加了搜索功能,如果找不到相应的工具栏或菜单,可以选择菜单最右边的搜索按钮。比如,我们想查找套用表格样式功能,可以直接在搜索栏中输入"套用表格格式"直接打开菜单,非常方便,如图 3-94 所示。

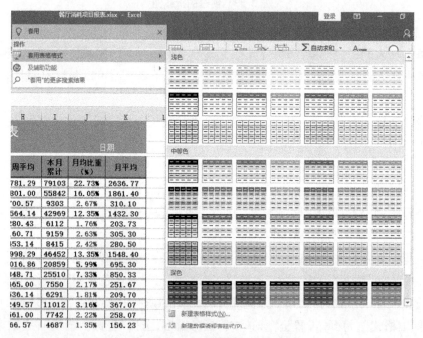

图 3-94　套用表格格式工具栏

实验 3-5　数据透视表

通过前面几个实验,我们已经掌握了 Excel 2016 的基本操作、数据处理、制作图表等。在以下综合实验中,我们以制作某图书销售公司销售情况分析表为例,综合运用以上实验案例中讲解的内容,对工作表进行格式化、数据处理、图表制作,并且学习数据透视表的相关操作。

实验案例

制作一份知学图书销售公司销售情况透视表。

实验学时

2 学时。

实验目的

1. 综合运用 Excel 相关操作方法。
2. 掌握数据透视表的生成方法。
3. 掌握数据透视表的修改方法。

实验任务

制作一份知学图书销售公司销售情况透视表，效果如图 3-95 所示。（相关实验素材在“实验素材\Excel\实验 5”文件夹中）

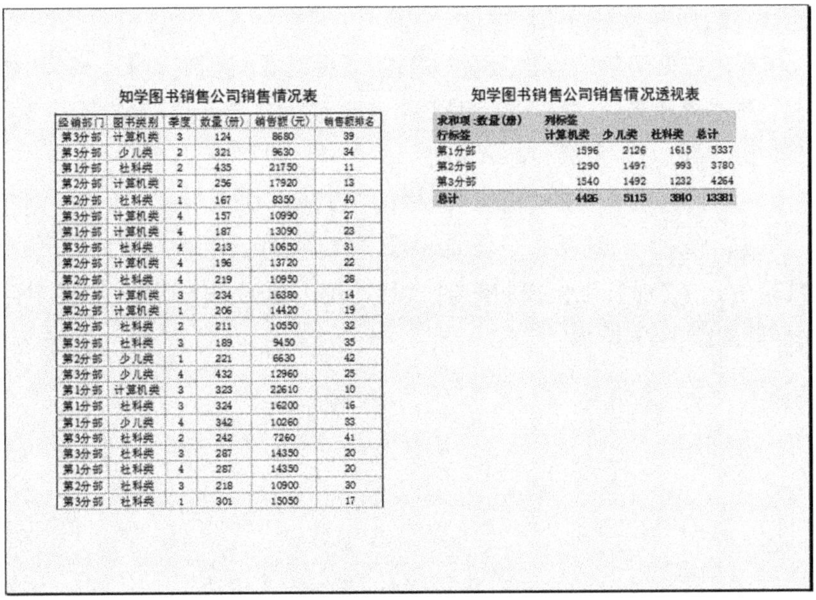

知学图书销售公司销售情况表

经销部门	图书类别	季度	数量（册）	销售额（元）	销售额排名
第3分部	计算机类	3	124	8680	39
第3分部	少儿类	2	321	9630	34
第1分部	社科类	2	435	21750	11
第2分部	计算机类	2	256	17920	13
第2分部	社科类	1	167	8350	40
第3分部	计算机类	4	157	10990	27
第1分部	计算机类	4	187	13090	23
第3分部	社科类	4	213	10650	31
第2分部	计算机类	4	196	13720	22
第2分部	社科类	4	219	10950	28
第2分部	计算机类	3	234	16380	14
第2分部	计算机类	1	206	14420	19
第2分部	社科类	2	211	10550	32
第3分部	社科类	3	189	9450	35
第2分部	少儿类	1	221	6630	42
第3分部	少儿类	4	432	12960	25
第1分部	计算机类	3	323	22610	10
第1分部	社科类	3	324	16200	16
第1分部	少儿类	4	342	10260	33
第3分部	社科类	2	242	7260	41
第3分部	社科类	3	287	14350	20
第1分部	社科类	4	287	14350	20
第2分部	社科类	3	218	10900	30
第3分部	社科类	1	301	15050	17

知学图书销售公司销售情况透视表

求和项:数量(册)	列标签			
行标签	计算机类	少儿类	社科类	总计
第1分部	1596	2126	1615	5337
第2分部	1290	1497	993	3780
第3分部	1540	1492	1232	4264
总计	4426	5115	3840	13381

图 3-95　透视表效果图

1. 打开“知学图书销售公司销售情况表”。
2. 在表格后插入一列“销售额排名”，并通过 RANK 函数完成排名。

3. 对图表进行格式化。

(1) 设置图表标题：合并单元格；水平、垂直方向均为居中；字体为黑体，字号为 16 磅。

(2) 设置行距：标题行行距为 35 磅。

(3) 设置边框：外部边框为黑色单实线，内部边框为红色虚线。

(4) 设置位置：所有数据中部居中。

4. 对工作表内数据清单内容建立数据透视表，按行为"经销部门"，列为"图书类别"，数据为"数量（册）"求和布局，并放置于现工作表的 H2:L7 单元格区域。

5. 保存文件。

实验步骤

1. 打开文件。

步骤略。

2. 在表格后插入一列"销售额排名"，并通过 RANK 函数完成排名。

步骤略。

3. 对图表进行格式化。

(1) 设置图表标题：合并单元格；水平、垂直方向均为居中；字体为黑体，字号为 16 磅。

(2) 设置行距：标题行行距为 35 磅。

(3) 设置边框：外部边框为黑色单实线，内部边框为红色虚线。

(4) 设置位置：所有数据中部居中。

4. 对工作表内数据清单内容建立数据透视表，按行为"经销部门"，列为"图书类别"，数据为"数量（册）"求和布局，并放置于现工作表的 H2:L7 单元格区域。

(1) 将鼠标定位在数据区任意单元格中。

(2) 单击"插入"选项卡下的"表格"组中的"数据透视表"按钮，弹出"创建数据透视表"对话框，如图 3-96 所示，选择一个表或区域，会默认选中整个工作表。"选择放置数据透视表的位置"中选中"现有工作表"单选按钮，并单击单元格 H2，单击"确定"按钮，插入数据透视表窗口如图 3-97 所示。

项目3 Excel 2016 电子表格处理软件的使用

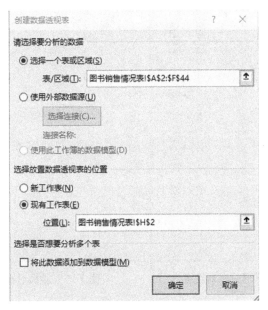

图 3-96 "创建数据透视表"对话框

图 3-97 透视表效果图

(3) 在"数据透视表字段"任务窗格(图 3-98)中,拖动"经销部门"字段到"行"小窗口,拖动"图书类别"字段到"列"小窗口,拖动"数量(册)"字段到"值"小窗口,如图 3-96 所示。数据透视表显示效果如图 3-99 所示。

123

图 3-98 "数据透视表字段列表"对话框

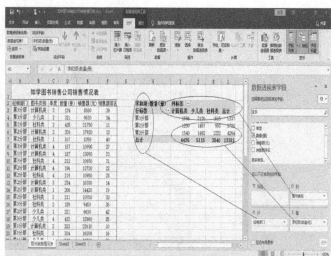

图 3-99 数据透视表窗口

5. 保存文件。

选择"文件"→"保存"命令即可。

数据透视表

数据透视表是一种交互式的表,可以进行某些计算,如求和与计数等。所进行的计算与数据跟数据透视表中的排列有关。之所以称之为数据透视表,是因为可以动态地改变它们的版面布置,以便按照不同方式分析数据,也可以重新安排行号、列标和页字段。每一次改变版面布置时,数据透视表会立即按照新的布置重新计算数据。另外,若原始数据发生更改,则可以更新数据透视表。

单击数值窗口求和项边的黑色倒三角,可以进行值字段设置,如图 3-100 所示。

思考题:如何按季度统计每个经销部门每类图书的销售量?

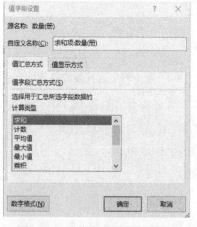

图 3-100 "值字段设置"对话框

项目 4
PowerPoint 2016 演示文稿制作软件的使用

　　Microsoft PowerPoint 2016 是微软公司的办公软件 Microsoft Office 2016 的组件之一。PowerPoint 2016 提供了创建、编辑和放映幻灯片的功能。通过计算机屏幕或投影仪播放演示文稿,我们可以进行专家报告、产品演示、广告宣传等。本项目通过三个实验案例的练习,帮助读者掌握演示文稿中的基本排版方法,学会添加图片、创建图表、插入动画等。通过这些案例,读者不但能够掌握全国计算机等级考试上机操作中 PowerPoint 的知识点,也可以把所学技能应用到实践中。

本项目实验

◇ 实验 4-1　制作入职培训演示文稿
◇ 实验 4-2　使用母版增强演示文稿
◇ 实验 4-3　使用模板制作演示文稿

技能目标

(1) 掌握演示文稿的基本排版。
(2) 掌握母版的使用方法。
(3) 掌握插入对象(文本、图片、音频),设置动画、幻灯片切换等操作。

思维导图

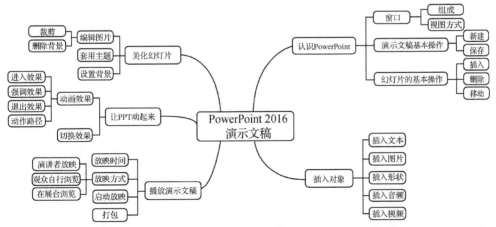

实验 4-1　制作入职培训演示文稿

本实验将使用 PowerPoint 2016 制作一份新员工入职培训的演示文稿。本实验将在演示文稿中添加主题、图片、文本框、表格、艺术字、动画等,使演示文稿更为生动。

实验案例

制作一份新员工入职培训演示文稿。

实验学时

2 学时。

实验目的

1. 熟悉 PowerPoint 2016 的操作环境。
2. 掌握模板、母版、版式、主题的定义方法。
3. 掌握版式、主题的设置方法。
4. 掌握幻灯片的文字、图片、动画的编辑方法。

实验任务

制作如图 4-1 所示的新员工入职培训演示文稿。(相关实验素材在"实验素材\PowerPoint\实验 1"文件夹中)

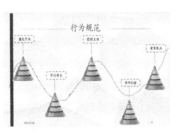

图 4-1　新员工入职培训演示文稿效果图

1．打开 PowerPoint 2016，建立空白演示文稿。

2．插入四张空白幻灯片。

3．所有幻灯片应用主题"剪切"，并设置主题颜色为"蓝色"。

4．对第 1 张标题幻灯片进行编辑。

（1）将副标题改为"西贝电子科技有限公司"，标题字体为黑体，字号为 24 磅，颜色为深蓝。

（2）主标题使用艺术字，内容为"新员工入职培训"，艺术字样式为"填充：青绿，主题色 2；边框：青绿，主题色 2"，字体大小为 60 磅，位置在副标题上方，艺术字文本效果为"拱形"。

（3）在左下方插入文本框，输入"单位：西贝电子科技有限公司人力资源处，报告人：小张"，设置字体为黑体，大小为 16 磅。

（4）在右上方插入图片"new1"并删除图片背景，设置图片大小为高 7 厘米、宽 10 厘米，设置其在幻灯片上的位置为水平位置左上角 20 厘米、垂直位置左上角 0.05 厘米。

5．对第 2 张幻灯片进行编辑。

修改幻灯片版式为"两栏内容"，在标题中输入"培训内容"，打开"实验素材\PowerPoint\实验 1\入职培训素材.txt"，把目录页内容复制到两栏中。设置目录的项目符号为箭头项目符号。搜索图片"公司 logo"，并将其插入第 2 页右上角，删除背景并调整位置和大小。

6．对第 3 张幻灯片进行编辑。

利用表格插入样张所示劳动合同内容（在入职培训素材文档中），设置字体为仿宋，字号为 18 磅，第 1 列加粗并中部对齐。设置表格样式为"浅色样式 1-强调 1"。在右下角插入图片 hetong1，并设置图片样式为"柔化边缘椭圆"。

7. 对第 4 张幻灯片进行编辑。

插入标题"考勤制度",插入矩形、图片 time1.png。剪裁图片为圆形,并置于顶端,调整位置。在矩形中插入"入职培训素材.txt"中相应内容,并设置填充色为渐变,预设颜色为"浅色渐变-个性 1"。

8. 对第 5 张幻灯片进行编辑。

插入圆锥图片(文件名 yuanzhui1),按步骤 7 剪裁多余白底,调整图片大小为 4.5 厘米×4.5 厘米。在图片上方插入直线和矩形,并设置如样张所示。在矩形中输入相应文字。选中矩形、直线和圆锥,组合成一个图形,并复制五个。参考样张,插入一条自由曲线。设置动画效果为:五个圆锥依次浮入,上浮,时间"快速(1 秒)"。对自由曲线设置动画效果"飞入,自左侧"。

9. 所有幻灯片背景填充图片 beijing.png,设置图片亮度为 0%,对比度为 -20%。

10. 在所有幻灯片右下角插入幻灯片编号,在左下角插入日期,格式为"年/月/日",标题幻灯片不显示。在第 1 张插入幻灯片备注"培训时间暂时定为周六"。

11. 在第 2 张插入声音"实验素材\PowerPoint\实验 1\music.mid",设置开始为"单击时",并选中"循环播放,直到停止"。

12. 保存演示文稿,文件名为"peixun.pptx"。

实验步骤

1. 打开 PowerPoint 2016,建立空白演示文稿。

建立空白演示文稿有以下两种方法。

方法一:双击 PowerPoint 图标,打开 PowerPoint 2016 软件。

方法二:单击"空白演示文稿",新建一张空白幻灯片,默认版式为"标题幻灯片"。

2. 再插入四张空白幻灯片。

插入新的空白幻灯片有以下两种方法。

方法一:鼠标右键单击左侧窗口,在弹出的快捷菜单中选择"新建幻灯片"命令。选中插入的第 2 张幻灯片,单击"开始"选项卡下的"幻灯片"组中的"版式"按钮,在下拉列表框中选择"空白"命令。

方法二:单击"开始"选项卡下的"幻灯片"组中的"新建幻灯片"按钮,在下拉列表框中选择"空白"命令。

用以上两种方法插入共五张空白幻灯片。在不同的视图方式下的显示如图 4-2 所示,一般在普通视图下进行幻灯片的编辑工作。

项目4 PowerPoint 2016 演示文稿制作软件的使用

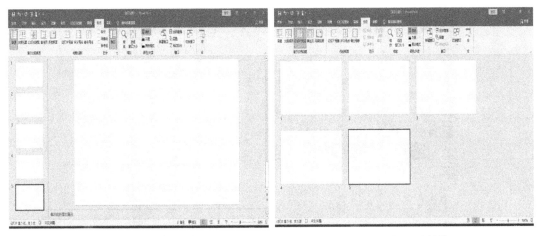

(a) 普通视图　　　　　　　　　　　　(b) 幻灯片浏览

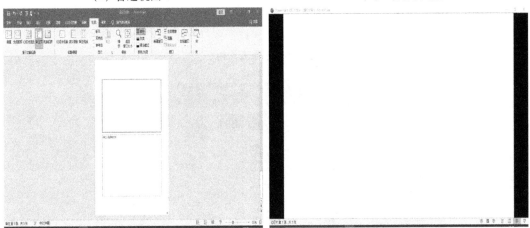

(c) 备注页　　　　　　　　　　　　　(d) 阅读视图

图 4-2　普通视图、幻灯片浏览、备注页、阅读视图

3. 所有幻灯片应用主题"剪切",并设置主题颜色为"蓝色"。

(1) 选中第 1 张幻灯片,单击"设计"选项卡下的"主题"组中的"其他"按钮,在下拉列表框中选择"剪切"效果(第三行第七列),如图 4-3 所示,并在"剪切"主题上单击鼠标右键,在弹出的快捷菜单中选择"应用于所有幻灯片"命令。

(2) 单击"设计"选项卡下的"变体"组中下拉菜单的"颜色"选项,在"颜色"下拉菜单中选择"蓝色",如图 4-4 所示。单击鼠标右键,在弹出的快捷菜单中选择"应用于所选幻灯片"命令。

图 4-3 主题工具栏

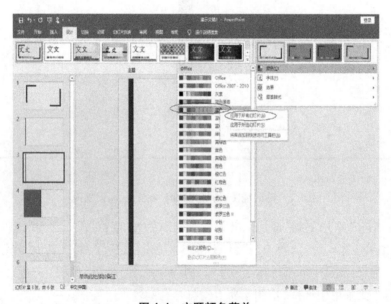

图 4-4 主题颜色菜单

4. 对第 1 张标题幻灯片进行编辑。

(1) 将副标题改为"西贝电子科技有限公司",标题字体为黑体,字号为 24 磅,颜色为深蓝。有以下两种方法。

方法一:选中副标题,输入文字。选中标题,打开"字体"对话框,如图 4-5 所示,设置字体、字号、颜色等(深蓝色在标准色里)。

方法二:选中副标题,输入文字。选中标题,使用"字体"设置区域快捷工具栏进行设置(图 4-6)。

图 4-5 "字体"对话框

图 4-6 字体工具栏

（2）主标题使用艺术字，内容为"新员工入职培训"，艺术字样式为"填充-青绿，主题色 2；边框：青绿，主题色 2"，字体大小为 60 磅，位置在副标题上方。艺术字文本效果为"拱形"。

① 选中并删除"单击此处添加标题"。

② 单击"插入"选项卡下的"文本"组中的"艺术字"按钮，在下拉列表框中选择"填充：青绿，主题色 2；边框：青绿，主题色 2"，如图 4-7 所示，增加艺术字并输入"新员工培训"。

③ 选中字体，通过"字体"组中的按钮设置大小为 60 磅。

④ 艺术字文本效果为"拱形"：选中主标题，单击"绘图工具—格式"选项卡下的"艺术字样式"组中的"文本效果"下拉按钮，在弹出的下拉列表框中执行"转换"→"跟随路径"→"拱形"命令，如图 4-8 所示。

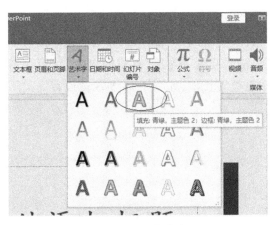

图 4-7 设置艺术字

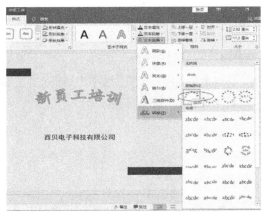

图 4-8 设置文本效果

⑤ 选中艺术字边框，在鼠标变为 ✥ 时，移动艺术字到合适位置。

（3）在左下方插入文本框，输入"单位：西贝电子科技有限公司人力资源处，报告人：小张"，设置字体为黑体，大小为 16 磅。

① 单击"插入"选项卡下的"文本"组中的"文本框"按钮,选择"文本框"命令。

② 输入内容。

③ 设置字体、字号,方法同上。

(4) 在右上方插入图片"new1"并删除图片背景,设置图片大小为高 7 厘米、宽 10 厘米,设置其在幻灯片上的位置为水平位置左上角 20 厘米、垂直位置左上角 0.05 厘米。

① 单击"插入"选项卡下的"图像"组中的"图片"按钮,找到实验素材中的 new1.png 图片。

② 选中图片,单击"图片工具—格式"选项卡下的"调整"组中的"删除背景"按钮,如图 4-9 所示。

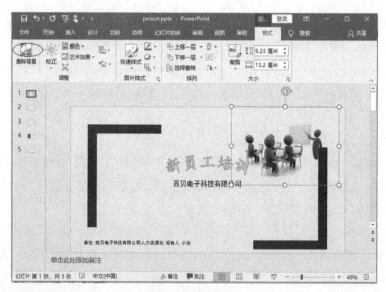

图 4-9　删除背景

③ 选中图片并右击,在弹出的快捷菜单中选择"设置图片格式",在右边的任务窗格中单击"大小与属性"按钮,选择"大小"下拉菜单,输入高度和宽度,并取消选中"锁定纵横比"复选框。选择"位置"选项卡,输入水平和垂直位置数值,如图 4-10 所示。设置完关闭"设置图片格式"任务窗格。

项目4 PowerPoint 2016 演示文稿制作软件的使用

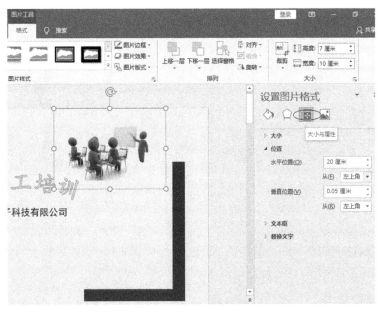

图 4-10 设置大小和位置

5. 对第 2 张幻灯片进行编辑。

修改幻灯片版式为"两栏内容",在标题中输入"培训内容",打开"实验素材\PowerPoint\实验1\入职培训素材.txt",把目录页内容复制到两栏中。设置目录的项目符号为箭头项目符号。搜索图片"公司 logo",并将其插入第 2 页右上角,删除背景并调整位置和大小。

(1) 选中第 2 页幻灯片,单击"开始"选项卡下的"幻灯片"组中的"版式"按钮,在下拉列表框中选择"两栏内容",在标题中输入"培训内容"。

(2) 打开"入职培训素材.txt",选中目录页内容文字,右击鼠标,在弹出的快捷菜单中选择"复制"命令。回到演示文稿中,单击左侧栏目,右击鼠标,在弹出的快捷菜单中选择"粘贴"命令。

(3) 选中目录,单击"开始"选项卡下的"段落"组中的"项目符号"按钮,在下拉列表框中选择"箭头项目符号"命令,如图 4-11 所示。

(4) 将鼠标光标放至第 2 页右上角位置,单击"插入"选项卡下的"图像"组中的"图片",选择"实验1"文件夹中的图片"公司 logo.jpg",单击"插入"按钮,如图 4-12 所示。按上面步骤调整图片。

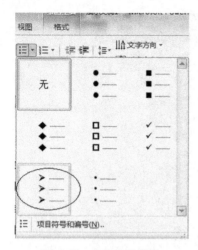

图 4-11 项目符号菜单

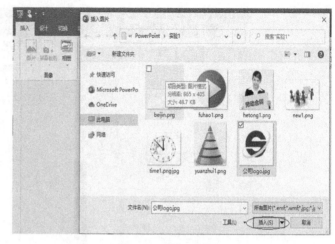

图 4-12 插入图片

6. 对第 3 张幻灯片进行编辑。

利用表格插入样张所示劳动合同内容(在入职培训素材文档中),设置字体为仿宋,字号为 18 磅,第 1 列加粗并中部对齐。设置表格样式为"浅色样式 1-强调 1"。在右下角插入图片 hetong1,并设置图片样式为"柔化边缘椭圆"。

(1) 插入标题:插入文本框,输入"劳动合同"。

(2) 在文本框左右两边插入两条直线:单击"插入"选项卡下的"插图"组中的"形状"按钮,选中直线并右击,在弹出的快捷菜单中选择"设置形状格式"命令,打开"设置形状格式"任务窗格,选择"填充与线条"选项卡,在"短划线类型"中选择"短划线",关闭"设置形状格式"任务窗格。

(3) 单击"插入"选项卡下的"表格"组中的"表格"按钮,插入一张 2×4 的表格。选中表格,选择"设计"选项卡下的"表格样式"组中的"浅色样式 1-强调 1",如图 4-13 所示,调整第 1 列宽度,并复制相应的内容到表格中,设置字体和字号。选中第 1 列,选择"段落"组中的对齐文本为"中部对齐"。

图 4-13 表格样式

(4) 选择"插入"选项卡下的"图像"组中的"图片",打开"插入图片"对话框,插入 hetong1.png 图片。选中图片,选择"图片工具—格式"选项卡下的"图片样式"组中的"柔化边缘椭圆",如图 4-14 所示。

图 4-14　图片样式

7. 对第 4 张幻灯片进行编辑。

（1）插入标题、线段、形状、图片。

① 插入文本框，输入"考勤制度"：单击"插入"选项卡下的"插图"组中的"形状"按钮，选择"线条"中的"直线"，选中直线并右击，在弹出的快捷菜单中选择"设置形状格式"命令，打开"设置形状格式"对话框，"线型"选项卡中的"短划线类型"选择"短划线"。

② 用类似的方法插入矩形，并从资料中复制考勤制度相关内容插入矩形中，如图 4-1 所示。

③ 选择"插入"选项卡下的"图像"组中的"图片"，打开"插入图片"对话框，插入 time1.png。

（2）剪裁图片并调整其位置。

① 选中图片，单击"格式"选项卡下的"大小"组中的"裁剪"按钮，在下拉列表框中选择"剪裁为形状"→"基本形状"→"椭圆"。

② 再次选中图片，单击"格式"选项卡下的"大小"组中的"裁剪"按钮，此时出现剪裁编辑状态，如图 4-15 所示，用鼠标拖动黑色边框进行圆形调整，使其呈现一个圆形时钟，如图 4-16 所示。

③ 调整图片位置。

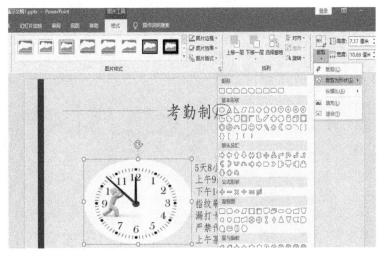

图 4-15　图片剪裁

图 4-16 剪裁效果

（3）设置矩形中内容的项目符号为素材中的小圆点（文件名：fuhao1），并设置填充色。

① 选择矩形并右击，在弹出的快捷菜单中选择"编辑文字"命令，打开"入职培训素材.txt"，复制相应内容到矩形图片中。

② 选择所有文字，单击"项目符号"按钮，在下拉列表中选择"项目符号和编号"命令，弹出"项目符号和编号"对话框，单击"图片"按钮，如图 4-17 所示，选择"从文件"→"浏览"，选择文件 fuhao1，加入图片项目符号库中。

③ 选择矩形并右击，在弹出的快捷菜单中选择"设置形状格式"命令，弹出"设置形状格式"任务窗格，单击"填充与线条"按钮，选中"渐变填充"，在"预设渐变"下选择"浅色渐变-个性 1"，如图 4-18 所示。

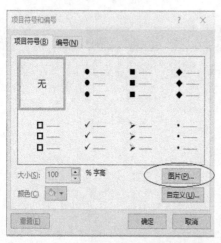

图 4-17 "项目符号和编号"对话框　　　　　图 4-18 "设置形状格式"任务窗格

8. 对第 5 张幻灯片进行编辑。

（1）插入圆锥图片（文件名 yuanzhui1），按步骤 7 剪裁多余白底（剪裁形状选三角形），调整图片大小为 4.5 厘米×4.5 厘米。在图片上方插入直线和矩形，并按图 4-1 所示进行设置。在矩形中输入相应文字。选中矩形、直线和圆锥，组合成一个图形，并复制四个。参考图 4-1,插入一条自由曲线。

① 插入图片、直线及矩形,方法同步骤(7)。

② 选中矩形、直线和圆锥并右击,在弹出的快捷菜单中选择"组合"→"组合"命令,如图 4-19 所示。

③ 选中组合的图片,通过右键快捷菜单进行复制、粘贴,复制四个。

④ 单击"插入"选项卡下的"插图"组中的"形状"按钮,在下拉列表框中选择"线条"→"自由曲线"命令,此时鼠标变成画笔,绘制一条曲线,并设置成短划线,放置在五个圆锥中间,设置圆锥与曲线的前后位置,效果如图 4-20 所示。

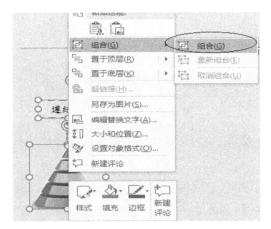

图 4-19　组合图形菜单

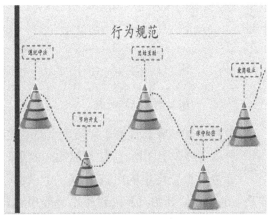

图 4-20　图形效果

（2）设置动画效果:五个圆锥依次浮入,时间"快速(1 秒)"。对自由曲线设置动画效果"飞入,自左侧"。

① 选中组合图形 1,单击"动画"选项卡下的"动画"组右下角的"其他"按钮,在下拉列表中选择"进入"效果的"浮入",如图 4-21 所示。

② 单击"动画"选项卡下的"高级动画"组中的"动画窗格"按钮,打开"动画窗格"任务窗格,单击第一个组合图片右侧下拉小箭头,在弹出的下拉菜单中选择"效果选项"命令,在"计时"选项卡中设置"期间"为"快速(1 秒)",如图 4-22 所示。

图 4-21　动画效果

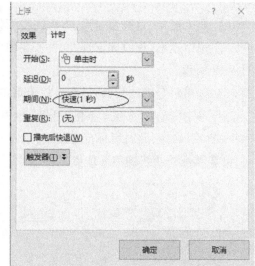

图 4-22　淡出效果选项

③ 按上述步骤设置第 2 到第 5 个图形的动画效果；也可以选中第 1 个图形，单击"动画刷"，再单击第 2 个图形，直接复制动画效果。

④ 在动画窗格中依次选中每一个动画效果，并右击鼠标，在弹出的快捷菜单中选择"从上一项之后开始"命令，设置动画顺序，如图 4-23 所示。

⑤ 选中曲线，设置动画效果为"飞入"，"效果选项"中选择"自左侧"，如图 4-24 所示。

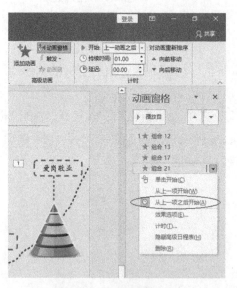

图 4-23　设置动画顺序

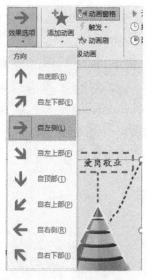

图 4-24　设置动画方向

9. 所有幻灯片背景填充图片 beijing.png，设置图片亮度为 0%，对比度为 -20%。

（1）在任意一张幻灯片空白处，单击鼠标右键，在弹出的快捷菜单中选择"设置背景格式"命令，打开"设置背景格式"任务窗格，选择"填充"菜单，选中"图片或纹理填充"单选按钮,选择图片 beijing.png,如图 4-25 所示。

(2)在"设置背景格式"任务窗格中选择"图片"菜单中的"图片校正"选项卡,设置亮度和对比度,单击"应用到全部"按钮,如图 4-26 所示。

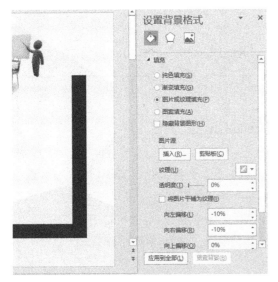

图 4-25 填充背景图片

图 4-26 设置亮度和对比度

10. 在所有幻灯片右下角插入幻灯片编号,在左下角插入日期,格式为"年/月/日",标题幻灯片不显示。在第 1 张插入幻灯片备注"培训时间暂时定为周六"。

(1)单击"插入"选项卡下的"文本"组中的"页眉和页脚"按钮,打开"页眉和页脚"对话框,如图 4-27 所示。选择"日期和时间"和"自动更新",勾选"幻灯片编号"复选框,勾选"标题幻灯片中不显示"复选框,单击"全部应用"按钮。

(2)选中第 1 张幻灯片,在编辑窗口下方单击"备注"按钮,在备注栏中输入备注,如图 4-28 所示。

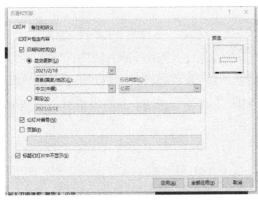

图 4-27 "页眉和页脚"对话框

图 4-28 备注窗口

11. 在第 2 张插入声音"实验素材\PowerPoint\实验 1\music.mid",设置开始为"单击时",并选中"循环播放,直到停止"。

（1）选中第2张幻灯片，单击"插入"选项卡下的"媒体"组中的"音频"按钮，在下拉列表中选择"PC上的音频"命令。

（2）选中音频图标，在"播放"选项卡下的"音频选项"组中勾选"循环播放，直到停止"复选框。

12. 保存演示文稿，文件名为"peixun.pptx"。

选择"文件"→"另存为"命令，输入文件名"peixun.pptx"，单击"保存"按钮即可。

PPT模板、母版的区别

1. 模板

模板是演示文稿中的特殊一类，扩展名为.potx。用于提供样式文稿的格式、配色方案、母版样式及产生特效的字体样式等。应用设计模板可快速生成风格统一的演示文稿。模板是一个专门的页面格式，它会告诉你什么地方填什么，也可以拖动修改。

操作：使用模板"经典公司教学"创建一个有关新员工入职培训的PPT。

2. 母版

母版规定了演示文稿（幻灯片、讲义及备注）的文本、背景、日期及页码格式。母版体现了演示文稿的外观，包含了演示文稿中的共有信息。设置一次，以后的每一页全部相同，起统一、美观的作用。每个演示文稿提供了一个母版集合，包括：幻灯片母版、标题母版、讲义母版、备注母版等母版集合。

操作：实验4-2 使用母版增强演示文稿。

实验4-2　使用母版增强演示文稿

母版为用户提供了统一修改演示文稿外观的方法，包含了演示文稿中的共有信息。母版规定演示文稿中幻灯片、讲义及备注的文本、背景、日期及页码格式等版式要素。每个演示文稿提供了一个母版集合，包括幻灯片母版、标题母版、讲义母版、备注母版等。本实验通过一个宣传演示文稿的制作，介绍模板和母版的使用方法。

实验案例

制作一份产品宣传演示文稿。

实验学时

2 学时。

实验目的

1. 掌握模板、母版的定义和使用方法。
2. 掌握幻灯片切换、超链接、动作按钮的设置方法。
3. 掌握演示文稿的放映方式、打印设置方法。

实验任务

制作如图 4-29 所示的产品宣传演示文稿。(相关实验素材在"实验素材\PowerPoint\实验2"文件夹中)

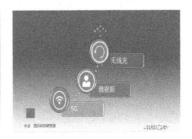

图 4-29 演示文稿效果图

1. 制作产品宣传模板 myppt.potx。

(1) 启动 PowerPoint 2016,新建一个空白演示文稿,进入幻灯片母版编辑状态。

(2) 编辑幻灯片母版,设置背景色填充效果为渐变填充,具体要求如下:

颜色1:蓝色,RGB 数值为红色 50、绿色 50、蓝色 255,位置 40%。

颜色2:白色,RGB 数值为红色 255、绿色 255、蓝色 255,位置 100%。

样式:预设颜色(浅色渐变-个性1),方向为线性向下,应用于全部。

(3) 将"母版标题样式"的字体设为黑体,字号为 44 磅。将"母版文本样式"的字体设为仿宋,字号为 28 磅。

（4）在母版中插入素材图片 xibeiLOGO.jpg,调整图片大小,并将其移动至幻灯片右下角。

（5）在母版中插入文本框,调整文本框的大小,输入"作者:西贝科技研发部",并将其移动到幻灯片左下角。

（6）关闭母版视图,将演示文稿保存为演示文稿模板,并命名为 myppt.potx。

2. 新建一个空白演示文稿,利用模板 myppt.potx 修饰。

3. 编辑第 1 张幻灯片:输入标题"新款手机发布会"。

4. 在第 1 张幻灯片后插入一张,版式为"标题和内容",并设置动作按钮(回到目录页)和目录超链接。根据样张插入其他四张幻灯片。通过超链接链接到目录页。

5. 设置所有幻灯片的切换效果为"涡流",自顶部,单击鼠标时换页,并伴有风铃的声音,全部应用于所有幻灯片。

6. 设置幻灯片的放映方式为"观众自行浏览",幻灯片放映范围为第 2 张到第 4 张,"循环放映,按 ESC 键终止"。

7. 页面打印设置为每页 6 张幻灯片,方向为纵向。打印全部讲义,幻灯片加框,并根据纸张调整大小,颜色为灰度,份数为两份。

8. 以文件名"新品发布会.pptx"保存幻灯片。

实验步骤

1. 制作产品宣传模板 myppt.potx。

（1）启动 PowerPoint 2016,新建一个空白演示文稿,进入幻灯片母版编辑状态。

单击"视图"选项卡下的"母版视图"组中的"幻灯片母版"按钮,进入母版编辑页面,如图 4-30 所示。

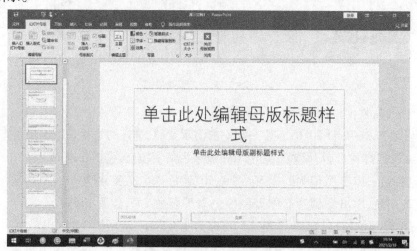

图 4-30　幻灯片母版界面

项目 4　PowerPoint 2016 演示文稿制作软件的使用

（2）编辑幻灯片母版，设置背景色填充效果为渐变填充，具体要求如下：

颜色 1：蓝色，RGB 数值为红色 50、绿色 50、蓝色 255，位置 40%。

颜色 2：白色，RGB 数值为红色 255、绿色 255、蓝色 255，位置 100%。

样式：预设颜色（浅色渐变-个性 1），方向为线性向下，应用于全部。

① 在空白处单击鼠标右键，在弹出的快捷菜单中选择"设置背景格式"命令，打开"设置背景格式"任务窗格，在"填充"选项卡中选中"渐变填充"，在"预设渐变"中选择"浅色渐变-个性 1"，在"类型"中选择"线性"，在"方向"中选择"线性向下"。单击"删除渐变光圈"按钮两次，只保留两个停止点（没删除之前是四个停止点：停止点 1，停止点 2，停止点 3，停止点 4）。单击"停止点 1"，单击"颜色"下拉按钮，在下拉列表中选择"其他颜色"，打开"颜色"对话框，选择"自定义"选项卡，输入 RGB 数值，设置蓝色。单击"停止点 2"，设置白色。如图 4-31 所示，单击"应用到全部"按钮。

图 4-31　设置背景格式

（3）将"母版标题样式"的字体设为黑体，字号为 44 磅。将"母版文本样式"的字体设为仿宋，字号为 28 磅。

① 选中"Office 主题幻灯片母版"（第 1 张），选中"单击此处编辑母版标题样式"，设置字体为黑体，字号为 44 磅。

② 选中"单击此处编辑母版文本样式"，设置字体为仿宋，字号为 28 磅。

（4）在母版中插入素材图片 xibeiLOGO.jpg，调整图片大小，并将其移动至幻灯片右下角。

方法同实验 4-1 步骤。

（5）在母版中插入文本框，调整文本框的大小，输入"作者：西贝科技研发部"，并将其移动到幻灯片左下角。

方法同实验4-1步骤。设置完成后如图4-32所示,我们会发现,母版所有设置效果自动应用到所有版式的幻灯片上。

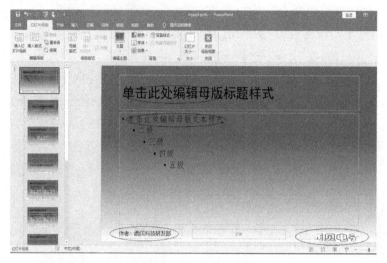

图 4-32　幻灯片普通视图

(6) 关闭母版视图,将演示文稿保存为演示文稿模板,并命名为 myppt.potx。

① 单击"幻灯片母版"选项卡下的"关闭"组中的"关闭母版视图"按钮,返回普通视图,如图 4-33 所示。

图 4-33　普通视图

② 选择"文件"→"另保存"命令,单击"浏览"按钮,在弹出的"另存为"对话框中,文件夹选择"实验素材\PowerPoint\实验2","保存类型"选择"PowerPoint 模板",输入文件名"myppt",单击"保存"按钮。

2. 新建一个空白演示文稿,利用模板 myppt.potx 修饰。

(1) 启动 PowerPoint 2016,新建一个空白演示文稿。

（2）在空白演示文稿普通视图下，单击"设计"选项卡下的"主题"组中右下角的"其他"按钮，在下拉列表中选择"浏览主题"命令，如图 4-34 所示。

图 4-34　主题工具栏

（3）在弹出的"选择主题或主题文档"对话框中选择模板 myppt.potx，如图 4-35 所示。

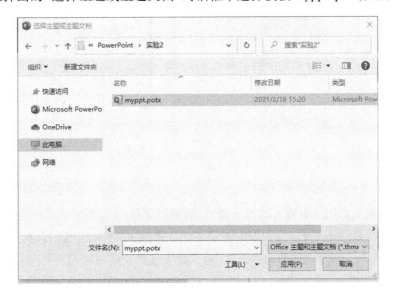

图 4-35　"选择主题或主题文档"对话框

3. 编辑第 1 张幻灯片：输入标题"新款手机发布会"。

方法同实验 4-1 步骤。

4. 在第 1 张幻灯片后插入一张，版式为"标题和内容"，并设置动作按钮（回到目录页）和目录超链接。根据样张插入其他四张幻灯片。通过超链接链接到目录页。

（1）通过新建幻灯片方法，插入 5 张幻灯片。其中第 2 张版式为"标题和内容"，第 3 张版式为"空白"，第 4,5,6 张版式为"图片与标题"。

（2）编辑第3张幻灯片：单击"插入"选项卡下的"插图"组中的"SmartArt"按钮，弹出"选择 SmartArt 图形"对话框，选择"图片"，第5行第1列图形"升序图片重点流程"。在图片处插入 tubiao1、tubiao2、tubiao3 三张图片，文字处输入相应文字，设置图形的样式为"卡通"。

（3）参考样张，编辑第4,5,6张幻灯片内容：插入相应的文字和图片。

（4）编辑超链接：选中一行目录"手机功能"并右击，在弹出的快捷菜单中选择"超链接"命令，弹出"插入超链接"对话框，如图4-36所示，在"链接到"中选择"本文档中的位置"，选择"幻灯片3"，单击"确定"按钮。用同样的方法设置其他超链接。

（5）如果想更改超链接的颜色，单击"设计"选项卡"变体"组右下角的"其他"按钮，在下拉列表中选择"颜色"→"自定义颜色"命令，打开"新建主题颜色"对话框，如图4-37所示，设置超链接和已访问的超链接颜色，并输入主题名称。应用这个新的主题，就可以更改超链接颜色。

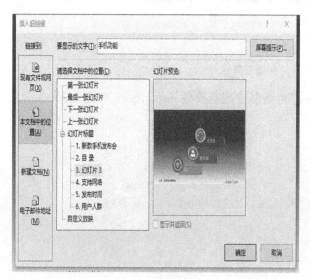

图4-36 "插入超链接"对话框

图4-37 "新建主题颜色"对话框

（6）在第3,4,5,6张中插入动作按钮，返回到目录页。

单击"插入"选项卡下的"插图"组中的"形状"按钮，在下拉列表中选择"动作按钮"中的"空白"（图4-38），在弹出的"动作设置"对话框中选择要链接的幻灯片"目录"，如图4-39所示。

项目4 PowerPoint 2016 演示文稿制作软件的使用

图 4-38 动作按钮菜单

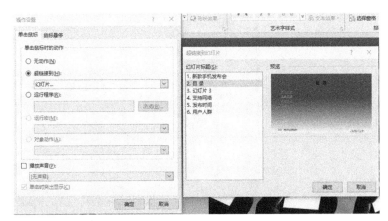

图 4-39 设置要链接的幻灯片"目录"

5. 设置所有幻灯片的切换效果为"涡流",自顶部,单击鼠标时换页,并伴有风铃的声音,全部应用于所有幻灯片。

单击"切换"选项卡下的"切换到此幻灯片"组右下角的"其他"按钮,选择"华丽型"→"涡流",单击"效果选项"按钮,在下拉列表中选择"自顶部",勾选"单击鼠标时"复选框,"声音"选择"风铃",单击"应用到全部"按钮,如图 4-40 所示。

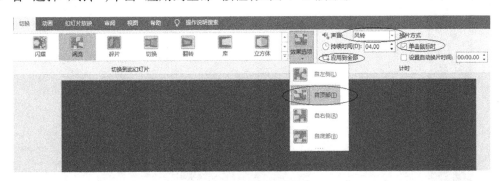

图 4-40 设置切换效果

6. 设置幻灯片的放映方式为"观众自行浏览",幻灯片放映范围为第 2 张到第 4 张,"循环放映,按 ESC 键终止"。

单击"幻灯片放映"选项卡下的"设置"组中的"设置幻灯片放映"按钮,打开"设置放映方式"对话框,如图 4-41 所示,设置相关参数。

147

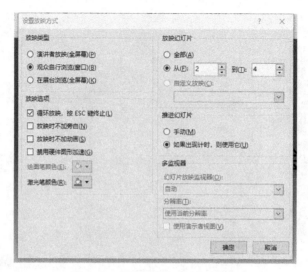

图 4-41 "设置放映方式"对话框

7. 页面打印设置为每页 6 张幻灯片,方向为纵向。打印全部讲义,幻灯片加框,并根据纸张调整大小,颜色为灰度,份数为两份。

选择"文件"→"打印"命令,设置相关参数,并勾选"幻灯片加框""根据纸张调整大小",如图 4-42 所示。

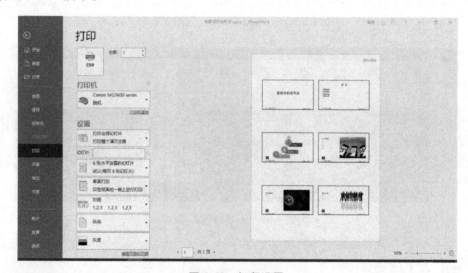

图 4-42 打印设置

8. 以文件名"新品发布会.pptx"保存幻灯片。

选择"文件"→"另存为"命令,找到"实验素材文件夹\PowerPoint\实验 2"文件夹,输入文件名"新品发布会",单击"保存"按钮。

项目 4　PowerPoint 2016 演示文稿制作软件的使用

实验 4-3　使用模板制作演示文稿

本实验通过模板制作一个创新创业课程演示文稿，综合运用 PowerPoint 2016 完成演示文稿的制作和放映。

实验案例

制作一个创新创业与创新课程演示文稿。

实验学时

2 学时。

实验目的

1. 掌握利用模板制作演示文稿的方法。
2. 掌握幻灯片的各种编辑方法。

实验任务

选取 PowerPoint 2016 的样本模板"经典公司教学（带动画）"进行演示文稿制作。文稿最终效果如图 4-43 所示。素材在"实验素材\PowerPoint\实验 3"文件夹中。

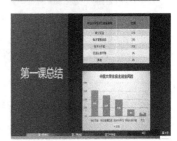

图 4-43　演示文稿效果图

1. 打开 PowerPoint 2016,选择"文件"→"新建"→"样本模板"→"经典公司教学(带动画)"。

2. 编辑第 1 张幻灯片:更改图片为"fengmian.jpg";调整图片为"亮度:+20% 对比度:-20%",图片样式为"旋转-白色";按样张调整图片的高度和宽度。更改主标题"创业与创新",并设置为黑体,60 磅,红色(RGB 模式:红色 193、绿色 0、蓝色 0),副标题为"大二下学期",楷体,27 磅,居中。

3. 编辑第 2 张幻灯片:将"课程 1……课程 5"改为素材提供的内容;将 SmartArt 样式改成"砖块场景";更改背景图片为"Beijing.jpg";插入声音 music.mid,设置开始为"单击时",并选中"循环播放,直到停止"复选框。

4. 对第 3 至第 6 张幻灯片进行编辑:复制相应的内容到每一张幻灯片中。

实验步骤

1. 打开 PowerPoint 2016,执行"文件"→"新建"→"样本模板"→"经典公司教学(带动画)"命令。

2. 对第 1 张标题幻灯片进行编辑。

(1) 更改左侧图片为"fengmian.jpg"。

(2) 调整图片为"亮度:+20% 对比度:-20%",图片样式为"旋转-白色"。

(3) 按样张调整图片的高度和宽度。

(4) 更改主标题"创业与创新",并设置为黑体,60 磅,红色(RGB 模式:红色 193、绿色 0、蓝色 0),副标题为"大二下学期",楷体,27 磅,居中。

图 4-44 第 1 张幻灯片效果图

3. 对第 2 张幻灯片进行编辑。

(1) 将"课程 1……课程 5"改为素材提供的内容。

（2）将 SmartArt 样式改成"砖块场景"。

（3）更改背景图片为"Beijing.jpg"。

（4）插入声音"实验素材\PowerPoint\实验 3\music.mid"，设置开始为"单击时"，并选中"循环播放，直到停止"复选框。

图 4-45　第 2 张幻灯片效果图

4．删除第 3 张幻灯片。

5．对第 3 至第 6 张幻灯片进行编辑。

（1）复制相应的内容到每一张幻灯片中。

（2）设置正文字体为楷体，18 磅。

6．更改第 3 张幻灯片动画效果。

在"长方形 7"至"长方形 9"动画效果中添加声音"打字机"。

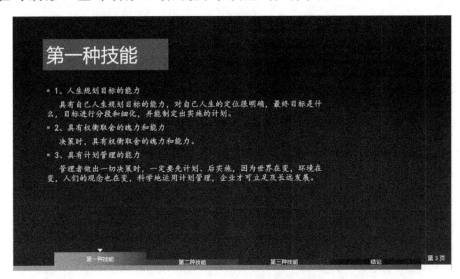

图 4-46　第 3 张幻灯片效果图

7. 编辑第 6 张幻灯片。

(1) 删除右边文本框。

(2) 在幻灯片右侧插入一张 2×6 表格,表格中文字居中对齐。

中国大学生自主创业风险	比例
缺少资金	31%
缺乏管理经验	25%
技术水平低	20%
项目认识不够	8%
其他	4%

(3) 插入由以上表格生成的簇状柱形图。

(4) 调整图表到合适的位置并插入图表标题"中国大学生自主创业风险",字号 18 磅。设置图片样式为"样式 5"。

(5) 设置 Y 坐标轴单位为 10%,数据标签居中。

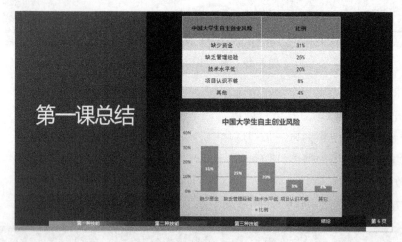

图 4-47　第 6 张幻灯片效果图

8. 进行排练计时,并设置按照计时放映演示文稿。

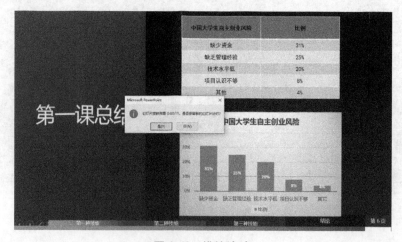

图 4-48　排练计时

9. 以文件名"chuangye.pptx"保存文件到素材文件夹"实验素材\PowerPoint\实验3"中。

选择"文件"→"另存为"命令,浏览保存的文件夹,保存文件。

项目 5
IE 浏览器和 Outlook 2016 的使用

Internet Explorer 是微软公司推出的一款网页浏览器,简称 IE 浏览器。微软于 2015 年 10 月宣布自 2016 年 1 月起停止支持老版本 IE 浏览器。但目前 IE 8/9/10 三个版本应用依旧非常广泛。

浏览器是指可以显示网页服务器内容,并让用户与这些文件交互的一种软件。它用来显示在万维网或局域网等上的文字、图像及其他信息。这些文字或图像,可以是连接其他网址的超链接,用户可迅速且方便地浏览各种信息。

实验 5-1　IE 浏览器的使用

当计算机成功连接上网络后,可以运用浏览器浏览网页。今天我们来学习如何使用 IE 浏览器浏览网页、保存图片或文字、下载资料等。

实验学时

2 学时。

实验目的

1. 掌握 IE 浏览器的基本使用方法。
2. 掌握网页上文字和图片的保存方法。

实验任务

1. 打开 IE 浏览器,浏览网页。
2. 收藏百度网站。

3. 将"连云港职业技术学院"设置为主页。

4. 打开百度新闻,在记事本中保存一篇新闻稿,文件名为"新闻.txt",保存地址为"桌面",如新闻中有图片,则将图片另存为"新闻图片"。

5. 打开百度,搜索 MP3"小夜曲"并下载,保存到 D 盘。

实验步骤

1. 打开 IE 浏览器,浏览网页。

用鼠标右键单击桌面上的 IE 浏览器图标,在弹出的快速菜单中选择"打开"命令,或用鼠标左键快速双击 IE 浏览器图标,打开 IE 浏览器窗口,如图 5-1 所示为打开百度网页的浏览器窗口。

图 5-1　IE 浏览器窗口

2. 收藏百度网站。

(1) 打开"百度"网站,在地址栏中输入"www.baidu.com"。

(2) 单击图标 ☆,单击"添加到收藏夹"按钮,如图 5-2 所示,弹出"添加收藏"对话框,如图 5-3 所示,输入名称"百度网站",创建位置选择"常用",单击"添加"按钮。

图 5-2　浏览器收藏夹菜单

图 5-3　"添加收藏"对话框

(3)下一次想浏览百度网站时,只需打开收藏夹,单击"常用",单击百度网站名称即可。

3. 将"连云港职业技术学院"设置为主页。

主页是什么?通俗地讲就是运行浏览器时,首先显示的网站。在浏览某个网页过程中,如果单击工具栏中的主页图标 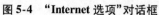,可回到事先设定的网页上,这个页面就是主页。

主页是可以设置的。如果现在想把百度网站设为主页,有如下三种方法。

方法一:单击"菜单栏"中的工具图标 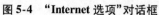,在下拉菜单中选择"Internet 选项"命令,弹出"Internet 选项"对话框,如图5-4 所示,在"主页"项的地址中输入"www.baidu.com",然后单击"确定"按钮即可。

方法二:运行浏览器,打开百度网站(www.baidu.com)。此时,按照第一种方法打开"Internet 选项"对话框,在"主页"项中,单击"使用当前页"按钮,单击"确定"按钮。这样也可以把百度网站(www.baidu.com)设为主页。

方法三:运行浏览器,打开百度网站。在百度网站的首页,就有"把百度设为首页"的提示,如图5-5 所示,只需单击这些字,就可以把"百度"设为主页。当然有些网站若没有这些提示,这种方法就行不通。

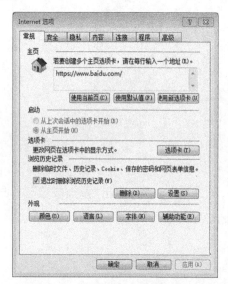

图5-4 "Internet 选项"对话框

图5-5 设置主页

4. 打开百度新闻,在记事本中保存一篇新闻稿,文件名为"新闻.txt",保存地址为"桌面",如新闻中有图片,则将图片另存为"新闻图片"。

(1)双击 IE 浏览器,在地址栏中输入"www.baidu.com"。

(2)单击"新闻"超链接或在地址栏中输入"news.baidu.com",进入新闻页面。保存网页上的新闻有以下两种方法。

方法一:按住鼠标左键拖动,选择所有新闻内容并右击,在弹出的快捷菜单中选择"复

项目 5 IE 浏览器和 Outlook 2016 的使用

制"命令(图 5-6)。打开记事本(执行"程序"→"附件"命令),在弹出的快捷菜单中选择"粘贴"命令。选择记事本窗口中的"文件"→"另存为"命令(图 5-7),保存路径选择"桌面",输入文件名"新闻",保存类型选择"文本文档(.txt)"。

方法二:单击工具 ⚙ 菜单下的"另存为"命令,将网页保存在本地计算机上,注意保存位置、文件名、文件类型[保存类型选择文本文件(*.txt)]。

新闻中如果含有某张图片,在图片上右击,选择"图片另存为"命令,设置保存位置、图片的文件名即可。

图 5-6 网页上复制文字

图 5-7 网页另存为菜单

5. 打开百度,搜索 MP3"小夜曲"并下载,保存到 D 盘。

在百度的搜索框中输入歌曲的名称,然后选择网页或者音乐。大部分网站需要注册或安装相应客户端才可以下载歌曲,有一些百度文库、微盘的免费共享资源,读者可以根据需要仔细筛选。

实验 5-2 Outlook 2016 的使用

电子邮件是一种用电子手段提供信息交换的通信方式,是互联网应用最广泛的服务。通过电子邮件系统,用户可以以非常低廉的价格(不管发送到哪里,都只需负担网费)、非常快速的方式(几秒内可以发送到世界上任何指定的目的地),与世界上任何一个角落的网络用户联系。计算机成功连接上网络后,可以使用 Outlook 收发邮件。今天我们来学习如何使用 Outlook 2016 撰写邮件、收发邮件、下载附件等。

实验学时

2学时。

实验目的

1. 掌握 Outlook 2016 的基本使用方法。
2. 掌握邮件收发、下载附件、回复的方法。

实验任务

1. 学会配置 Outlook 2016。
2. 了解 Outlook 2016 的界面。
3. 撰写一封邮件。
4. 同时给多人发送邮件。
5. 接收邮件并回复。
6. 保存附件。

实验步骤

1. 学会配置 Outlook 2016。

（1）打开 Outlook 2016，选择"文件"→"信息"命令，单击帐户设置，在下拉菜单中选择"帐户设置"，打开"帐户设置"对话框，如图 5-8 所示。

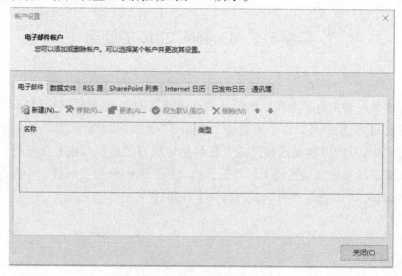

图 5-8　Outlook 配置向导（一）

（2）单击"新建"按钮，配置一个新的电子邮件帐户，如图5-9、图5-10所示。

图 5-9　Outlook 配置向导（二）

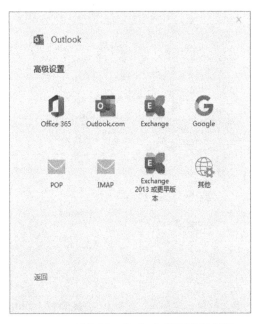

图 5-10　Outlook 配置向导（三）

（3）选择"POP"，可以设置 POP 信息，如图 5-11（a）所示；选择"IMAP"，可以设置 IMAP 信息，如图 5-12（b）所示。POP 和 IMAP 服务器信息要通过邮箱进行设置。

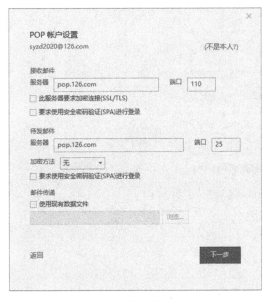

（a）POP 信息设置　　　　　　　　　　　（b）IMAP 信息设置

图 5-11　Outlook 配置向导 4

（4）通过浏览器登录 126 邮箱，进入设置界面，选择"帐户"，如图 5-12 所示。

图 5-12　Outlook 配置向导(五)

(5) 打开 POP、SMTP 端口,并单击生成授权码,如图 5-13 所示。

图 5-13　Outlook 配置向导(六)

(6) 获取授权码,并将授权码填入步骤(5)的密码框内(图 5-13)。
(7) 邮箱已成功添加到帐户中,如图 5-14 所示。

项目 5　IE 浏览器和 Outlook 2016 的使用

图 5-14　Outlook 配置向导(七)

2．了解 Outlook 2016 的界面。

Outlook 2016 的窗口中包含选项卡、工具栏、列表栏、收信区、读信区几个部分(图 5-15)。其中选项卡常用的有开始和发送/接收；列表栏里有收件箱、草稿、已发送邮件等；收信区显示所有接收的信件(包括信件的一些常用信息：发件人、主题、附件等)；读信区显示信件的具体内容和附件。

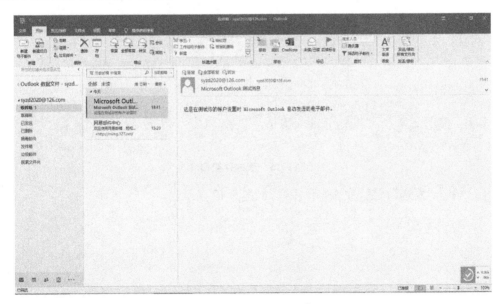

图 5-15　Outlook 2016 窗口

3. 撰写一封邮件。

任务要求:向部门分经理发送一个 E-mail,并将"考生"文件夹下的一个 Word 文档 Sell.docx 作为附件一起发送,同时抄送给总经理。具体如下:

【收件人】zhangdeli@126.com

【抄送】wenjiangzhou@126.com

【主题】销售计划演示

【内容】发去全年季度销售计划文档,在附件中,请审阅。

具体操作步骤如下:

(1)单击"开始"选项卡下的"新建"组中的"新建电子邮件"按钮,弹出"新邮件"对话框。

(2)在"收件人"编辑框中输入收件人的地址;在"抄送"编辑框中输入抄送人的地址;在"主题"编辑框中输入主题"销售计划演示";在"窗口"编辑区域输入邮件主题内容。

(3)单击"附件"按钮,在弹出的窗口中选择"考生"文件夹中的文件"Sell.docx",单击"确定"按钮,如图 5-16 所示。

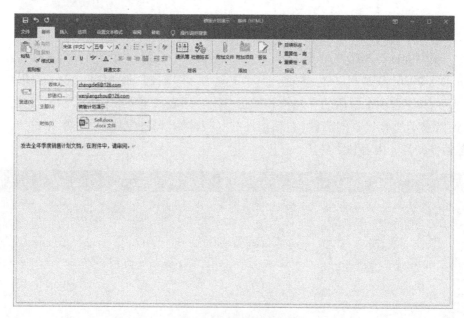

图 5-16 新邮件窗口

(4)单击"发送"按钮,完成邮件发送,如图 5-17 所示。

项目 5　IE 浏览器和 Outlook 2016 的使用

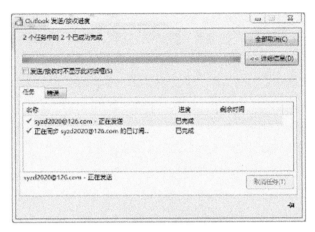

图 5-17　发送邮件

4. 同时给多人发送邮件。

任务要求：向 zhaoguoli@cuc.edu.cn 和 lijiangguo@cuc.edu.cn 两人发一份电子邮件，主题为"紧急通知"，信件内容为"本周二下午一时，在学院会议室进行课题讨论，请勿迟到缺席！"。

具体操作步骤如下：

（1）单击"开始"选项卡下的"新建"组中的"新建电子邮件"按钮，弹出"新邮件"对话框，在"收件人"后的文本框中输入收件人。因为是同时发给两个人，用";"分隔邮件地址，在"主题"后的文本框中输入主题。在正文文本框中输入正文，如图 5-18 所示。

（2）单击"发送"按钮，完成邮件发送。

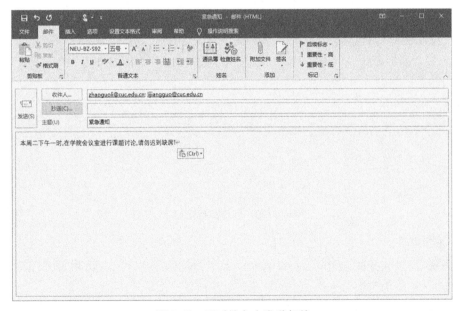

图 5-18　同时给多人发送邮件

163

5. 接收邮件并回复。

任务要求：接收并阅读 luoyingjie@ cuc. edu. cn 发来的邮件,并立即回复,回复内容为"您需要的资料已经寄出,请注意查收!"。

具体操作步骤如下：

(1) 单击"发送/接收"选项卡下的"发送和接收"组中的"发送/接收所有文件夹"按钮,如图 5-19 所示;接收完邮件后,会在"收件箱"右侧邮件列表中出现一封邮件,单击此邮件,在右侧窗格中可显示邮件的具体内容。

(2) 单击"答复"按钮,弹出回复邮件窗口。

(3) 在窗口中央内容区输入回复的主题内容,如图 5-20 所示。

(4) 单击"发送"按钮,完成邮件发送。

图 5-19　发送/接收邮件

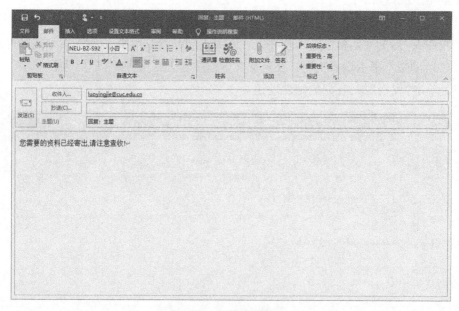

图 5-20　回复邮件窗口

6. 保存附件。

任务要求：接收并阅读 xuexq@ mail. neea. edu. cn 发来的邮件,并将附件保存在"考生"文件夹下,名称设为"附件. zip"。

具体操作步骤如下：

(1) 单击"发送/接收"选项卡下的"发送和接收"组中的"发送/接收所有文件夹"按

钮；接收完邮件后，会在"收件箱"右侧邮件列表中出现一封邮件，单击此邮件，在右侧窗格中可显示邮件的具体内容。

（2）在"附件"中右键单击附件图标，在弹出的快捷菜单中选择"另存为"命令，如图 5-21 所示，弹出"保存附件"对话框，如图 5-22 所示，在"附件"中打开考生文件夹，在"文件名"中填入"附件"，单击"保存"按钮完成操作。

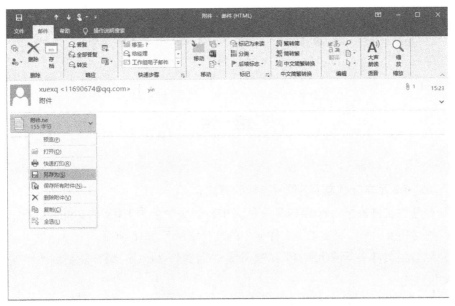

图 5-21　保存附件（一）

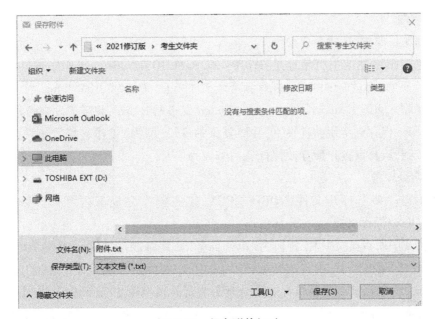

图 5-22　保存附件（二）

综合练习

第一套

1. Windows 基本操作题(不限制操作的方式)

(1) 在考生文件夹下 GPOP\PUT 文件夹中新建一个名为 HUX 的文件夹。

(2) 将考生文件夹下 MICRO 文件夹中的文件 XSAK.BAS 删除。

(3) 将考生文件夹下 COOK\FEW 文件夹中的文件 ARAD.WPS 复制到考生文件夹下 ZUME 文件夹中。

(4) 将考生文件夹下 ZOOM 文件夹中的文件 MACRO.OLD 设置成隐藏属性。

(5) 将考生文件夹下 BEI 文件夹中的文件 SOFT.BAS 重命名为 BUAA.BAS。

2. 上网题

请根据题目要求,完成下列操作:

(1) 某模拟网站的主页地址是:HTTP://LOCALHOST/index.html,打开此主页,浏览"节目介绍"页面,将页面中的图片保存到考生文件夹下,命名为"JIEMU.jpg"。

(2) 接收并阅读由 xuexq@mail.neea.edu.cn 发来的 E-mail,将随信发来的附件以文件名 shenbao.doc 保存到考生文件夹下;并回复该邮件,主题为"工作答复",正文内容为"你好,我们一定会认真审核并推荐,谢谢!"。

3. 文字处理题

在考生文件夹下打开文件 WORD.DOCX,按照要求完成下列操作并以该文件名(WORD.DOCX)保存文档。

(1) 将文中所有英文"EC"替换为"电子商务"。将标题段文字("义乌跨境电子商务分析")应用"标题4"样式,并设为微软雅黑、居中、字符间距加宽 1.5 磅、段前段后间距 4 磅、单倍行距;标题段文字文本填充效果为渐变填充:"预设渐变/底部聚光灯-个性色2、类型/线性、方向/线性向右、渐变光圈颜色/紫色(标准色),位置 50%";标题阴影效果设置为:"预设/透视:靠下,颜色/绿色(标准色),模糊 6 磅,距离 10 磅"。

(2) 设置页面纸张大小为"自定义大小(18.2 厘米×25.7 厘米)";在页面顶端插入

"空白"型页眉,利用"文档部件"在页眉内容处插入文档"主题"信息,页眉顶端距离2厘米;页面底端插入"书的折角"型页码、编号格式为罗马数字(Ⅰ、Ⅱ、Ⅲ)、起始页码为"Ⅲ",页脚底端距离2厘米;设置页面颜色填充效果为"渐变/预设/麦浪滚滚"、底纹样式为"角部辐射";设置页面边框为艺术型中的红心。

(3)将正文各段落文字("1.1 义乌实体市场发展势头,……其功能定位如表1所示:")的中文字体设置为仿宋,英文字体设置为Symbol,字号为小四;段前段后间距0.3行,1.25倍行距,并设置各段首行缩进2字符;将小标题(1.1 义乌实体市场发展势头趋缓、1.2 投资建设义乌跨境电子商务产业园)的编号"1.1""1.2"分别修改为编号"(1)"和"(2)";为小标题"(1)义乌实体市场发展势头趋缓加尾注"王祖强等.发展跨境电子商务促进贸易便利化[J].电子商务,2013(9)。",尾注编号格式为"①,②,③…",将该标题下的一段(金融危机以来,……而言已经迫在眉睫)分成栏宽相等的两栏,中间加分隔线;为小标题"(2)投资建设义乌跨境电子商务产业园"加尾注"鄂立彬等.国际贸易新方式:跨境电子商务的最新研究[J].东北财经大学学报,2014(2)。"将该标题下的一段("为了让跨境,……凸显规模效益的产业园。")首字下沉两行(距正文0.3厘米)。

(4)将文中最后6行文字按照制表符转换成一个3行3列的表格,设置表格居中。将表题段("表1 义乌跨境电子商务园区功能定位")文本效果设置为三维格式:"底部棱台:角度","材料:特殊效果中的线框";表题文本阴影效果设置为"预设/透视:右上对角透视""颜色/红色(标准色)";居中、段后间距0.4行。

(5)设置表格第1列列宽为0.8厘米、第2列列宽为2.38厘米、第3列列宽为7.8厘米,单元格垂直对齐方式设为居中;设置表格底纹为"白色,背景1,深色5%";表格边框样式为"单实线1 1/2 pt 着色5",用边框刷完成外框线设置:"1.5磅单实线";表格内框线为"0.75磅单实线"。

4. 电子表格题

打开考生文件夹下的电子表格excel.xlsx,按照下列要求完成对此电子表格的操作并保存。

(1)选择Sheet1工作表,将A1:G1单元格合并为一个单元格,文字居中对齐;依据本工作簿的"基础工资对照表"中的信息,填写Sheet1工作表中"基础工资(元)"列的内容(要求利用VLOOKUP函数)。计算"工资合计(元)"列内容(要求利用SUM函数,数值型,保留小数点后0位)。计算工资合计范围和职称同时满足条件要求的员工人数量于K7:K9单元格区域"人数"列(条件要求详见Sheet1工作表中的统计表1,要求利用COUNTIFS函数)。计算各部门员工岗位工资的平均值和工资合计的平均值分别置于J14:J17单元格区域"平均岗位工资(元)"列和K14:K17单元格区域"平均工资(元)"列(见Sheet1工作表中的统计表2,要求利用AVERAGEIF函数,数值型,保留小数点后0位)。利用条件格式将"工资合计(元)"列单元格区域值前10%项设置为"浅红填充深红色文本"、最后10%项设置为"绿填充深绿色文本"。

(2)选取Sheet1工作表中的"部门"列(I13:I17)、"平均工资(元)"列(J13:J17)和"平均工资(元)"列(K13:K17)数据区域的内容建立"簇状柱形图",图表标题为"人员工资统计图",位于图表上方,图例位于底部;将图表插入到当前工作表的"I20:L33"单元格区域内,将 Sheet1 工作表命名为"人员情况统计表"。

(3) 选择"图书销售统计表"工作表,对工作表内数据清单的内容按主要关键字"经销部门"的升序和次要关键字"图书类别"的降序进行排序;完成对各经销部门总销售额的分类汇总,汇总结果显示在数据下方,工作表名不变,保存 excel.xlsx 工作簿。

5. 演示文稿题

打开考生文件夹下的演示文稿 yswg.pptx,按照下列要求完成对此文稿的修饰并保存。

(1) 在第 1 张幻灯片前插入 1 张新幻灯片,在最后一张幻灯片后插 1 张新幻灯片;为整个演示文稿应用"平面"主题,放映方式为"观众自行浏览(窗口)";设置幻灯片大小为"全屏显示(16:9)";除标题幻灯片外的幻灯片都插入幻灯片编号。

(2) 设置第 1 张幻灯片版式为"标题幻灯片",主标题为"微课(Micro-lecture)",副标题为"培训教程";副标题设置为微软雅黑、48 磅字、蓝色(标准色)。

(3) 设置第 2 张幻灯片的版式为"标题和内容",标题为"微课定义";将文本区内容转换为 SmartArt 图形,布局为"梯形列表",SmartArt 样式为"卡通",更改颜色为"彩色填充-个性色 2";SmartArt 图形动画设置为"进入-翻转式由远及近",效果选项为"序列-逐个",SmartArt 图形动画"持续时间 1.5 秒""延迟 0.5 秒";标题动画为"进入-空翻",动画开始为"上一动画之后""延迟 1 秒";动画顺序是先标题后图形。

(4) 设置第 3 张幻灯片版式为"两栏内容",主标题为"the One Minute Professor";将考生文件夹下的图片文件 PPT1.jpg 插入到右侧的内容区,图片的大小为"高度 10 厘米""锁定纵横比",图片在幻灯片水平位置为"12 厘米""从左上角",垂直位置为"3 厘米""左上角",图片样式为"金属椭圆",图片效果为"棱台-斜面",艺术效果为"马赛克气泡";图片动画设置为"进入-弹跳",图片动画开始为"上一动画之后""持续时间 1.5 秒""延迟 1 秒";内容文本设置动画"强调-加粗展示",效果选项为"按段落";动画顺序是先文本后图片。

(5) 设置第 4 张幻灯片的版式为"空白",并在位置(水平位置:4 厘米,从:左上角,垂直位置:1.5 厘米,从:左上角)插入样式为"填充-金色,着色 3,锋利棱台"的艺术字"微课内容组成",文字大小设置 66 磅字,宽度为 15.5 厘米、高为 3.5 厘米,艺术字形状填充为预设渐变"顶部聚光灯-个性色 1"、类型"线性",文本效果为"转换-弯曲-双波形 2",艺术字动

画设置为"进入-缩放",效果选项为"消失点-幻灯片中心",动画开始为"与上一动画同时";将考生文件夹下的图片文件 PPT2.jpg 插入到此幻灯片中,图片大小为"高度 8 厘米""锁定纵横比",图片在幻灯片上的垂直位置为"6 厘米""从左上角",图片按"水平居中"对齐排列,图片样式为"透视阴影,白色",图片效果发光为"绿色,11pt 发光,个性色 1";图片动画设置为"进入-玩具风车";动画顺序是先图片后艺术字;当前幻灯片的背景格式为"蓝色面巾纸"纹理填充、"隐藏背景图形"。

(6) 设置第 1,3 张幻灯片切换方式为"切换",效果选项为"向左",并且幻灯片的自动

换片时间是5秒;第2,4张幻灯片切换方式为"棋盘",效果选项为"自顶部",并且幻灯片的自动换片时间是6秒。

第二套

1. Windows 基本操作题(不限制操作的方式)

(1)将考生文件夹下 KEEN 文件夹设置成隐藏属性。

(2)将考生文件夹下 QEEN 文件夹移动到考生文件夹下 NEAR 文件夹中,并改名 SUNE。

(3)将考生文件夹下 DEER\DAIR 文件夹中的文件 TOUR.PAS 复制到考生文件夹下 CRY\SUMMER 文件夹中。

(4)将考生文件夹下 CREAM 文件夹中的 SOUP 文件夹删除。

(5)在考生文件夹下建立一个名为 TESE 的文件夹。

2. 上网题

请根据题目要求,完成下列操作:

(1)某模拟网站的地址为 HTTP://LOCALHOST/index.htm,打开此网站,找到关于最强选手"王峰"的页面,将此页面另存到考生文件夹下,文件名为"WangFeng",保存类型为"网页,仅 HTML(*.htm;*.html)",再将该页面上有王峰人像的图像另存到考生文件夹下,文件命名为"Photo",保存类型为"JPEG(*.JPG)"。

(2)接收并阅读来自朋友小赵的邮件(zhaoyu@ncre.com),主题为:"生日快乐",将邮件中的附件"生日贺卡.jpg"保存到考生文件夹下,并回复该邮件,回复内容为:"贺卡已收到,谢谢你的祝福,也祝你天天幸福快乐!"。

3. 文字处理题

在考生文件夹下,打开文档 WORD.DOCX,按照要求完成下列操作并以该文件名(WORD.DOCX)保存文档。

(1)将文中所有错词"人声"替换为"人生";将标题("活出精彩 博出人生")应用"标题1"样式,并设置为小三号、隶书、段前段后间距均为6磅、单倍行距、居中;标题字体颜色设为"橙色,个性色6,深色50%"、文本效果为"映像/映像变体/紧密映像:4pt 偏移量";修改标题阴影效果为:内部/内部右上角;在"文件"选项卡下编辑文档属性信息,"摘要"选项卡中的作者改为:NCRER、单位是:NCRE、标题为:活出精彩 博出人生。

(2)设置纸张方向为"横向";设置页边距为上、下各3厘米,左、右各2.5厘米,装订线位于左侧3厘米处,页眉、页脚各距边界2厘米,每页24行;添加空白型页眉,键入文字"校园报",设置页眉文字为小四号、黑体、深红色(标准色)、加粗;为页面添加水平文字水印"精彩人生",文字颜色为:橄榄色,个性色3,淡色80%。

(3) 将正文一至二段("人生在世,需要去……我终于学会了坚强。")设置为小四号、楷体;首行缩进2字符,行间距为1.15倍;将文本("人生在世,需要去……我终于学会了坚强。")分为等宽的2栏、栏宽为28字符,并添加分隔线;将文本("记住该记住的,忘记该忘记的。改变能改变的,接受不能接受的。")设置为黄色突出显示;在"校运动会奖牌排行榜"前面的空行处插入考生文件夹下的图片picture1.jpg,设置图片高为5厘米,宽为7.5厘米,文字环绕为上下型,艺术效果为:马赛克气泡、透明度80%。

(4) 将文中后12行文字转换为一个12行5列的表格,文字分隔位置为"空格";设置表格列宽为2.5厘米,行高为0.5厘米;将表格第一行合并为一个单元格,内容居中;为表格应用样式"网格表4-着色2";设置表格整体居中。

(5) 将表格第一行文字("校运动会奖牌排行榜")设置为小三号、黑体、字间距加宽1.5磅;统计各班金、银、铜牌合计,各类奖牌合计填入相应的行和列;以金牌为主要关键字、降序,银牌为次要关键字、降序,铜牌为第三关键字、降序,对9个班进行排序。

4. 电子表格

打开考生文件夹下的电子表格excel.xlsx,按照下列要求完成对此电子表格的操作并保存。

(1) 选择Sheet1工作表,将A1:H1单元格合并为一个单元格,文字居中对齐,使用智能填充为"工号"列中的空白单元格添加编号。利用IF函数,根据"绩效评分奖金计算规则"工作表中的信息计算"奖金"列(F3:F100单元格区域)的内容;计算"工资合计"列(G3:G100单元格区域)的内容(工资合计=基本工资+岗位津贴+奖金);利用IF函数计算"工资等级"列(H3:H100单元格区域)的内容(如果工资合计大于或等于19 000为"A"、大于或等于16 000为"B",否则为"C");利用COUNTIF函数计算各组的人数置于K5:K7单元格区域,利用AVERAGEIF函数计算各组奖金的平均值置于L5:L7单元格区域(数据型,保留小数点后0位);利用COUNTIFS函数分别计算各组综合表现为A、B的人数分别置于K11:K13和M11:M13单元格区域;计算各组内A、B人数所占百分比分别置于L11:L13和N11:N13单元格区域(均为百分比型,保留小数点后2位)。利用条件格式将"工资等级"列单元格区域值内容为"C"的单元格设置为"深红"(标准色)、"水平条纹"填充。

(2) 选取Sheet1工作表中统计表2中的"组别"列(J10:J13)、"A所占百分比"列(L10:L13)、"B所占百分比"列(N10:N13)数据区域的内容建立"堆积柱形图",图表标题为"工资等级统计图",位于图表上方,图例位于底部;系列绘制在主坐标轴,系列重叠80%,设置坐标轴边界最大值为1.0;为数据系列添加"轴内侧"数据标签;设置"主轴主要水平网格线"和"主轴次要水平网格线",将图表插入到当前工作表的"J16:N30"单元格区域内,将Sheet1工作表命名为"人员工资统计表"。

(3) 选取"产品销售情况表"工作表内数据清单的内容按主要关键字"产品类别"的降序次序和次要关键字"分公司"的升序次序进行排序(排序依据均为"数值"),对排序后的数据进行高级筛选(在数据清单前插入四行,条件区域设在A1:G3单元格区域,请在对应字段列内输入条件),条件是:产品名称为"笔记本电脑"或"数码相机"且销售额排名在前

30(小于或等于30),工作表名不变,保存 excel.xlsx 工作簿。

5. 演示文稿题

打开考生文件夹下的演示文稿 yswg.pptx,按照下列要求完成对此文稿的修饰并保存。

(1)设置幻灯片大小为"全屏显示(16:9)";为整个演示文稿应用"平面"主题,放映方式为"观众自行浏览"。

(2)第1张幻灯片的版式设置为"标题幻灯片",主标题为"好胃是这样养出来的",副标题为"养胃的方法";主标题字体设置为华文彩云、48磅字,副标题为23磅字;将幻灯片的背景格式设置为渐变填充的"预设渐变/顶部聚光灯-个性色1",类型是"标题的阴影"。

(3)第2张幻灯片的标题为"健康养胃",设置内容文本字体为楷体,22磅。内容文本设置动画"进入/字幕式";为标题设置动画"进入/浮入",效果选项为"下浮",标题动画开始为"上一动画之后""延迟1.25秒";动画顺序是先标题后内容文本。

(4)第3张幻灯片的版式设置为"两栏内容",标题为"养胃的方法",将第2张幻灯片内容文本框中的下面这段文字"讲究卫生:注意饮食卫生~~~~~馒头可以养胃,不妨试试作为主食。"移动到第3张幻灯片的右侧内容文本框中。设置内容文本字体为幼圆、15磅字。左侧内容框动画设置为"进入/飞入",效果选项为"自左侧",右侧内容框动画设置为"进入/飞入",效果选项为"自右侧";标题动画设置"强调/加粗展示";动画顺序是选标题后内容文本。

第三套

1. Windows 基本操作题(不限制操作的方式)

(1)将考生文件夹下 IUIN 文件夹中的文件 ZHUCE.BAS 删除。

(2)将考生文件夹下 VOTUNA 文件夹中的文件 BOYABLE.DOCX 复制到同一文件夹下,并命名为 SYAD.DOCX。

(3)在考生文件夹下 SHEART 文件夹中新建一个文件夹 RESTICK。

(4)将考生文件夹下 BENA 文件夹中的文件 PRODUCT.WRI 设置为只读属性,并撤销该文档的存档属性。

(5)将考生文件夹下 HWAST 文件夹中的文件 XIAN.FPT 重命名为 YANG.FPT。

2. 上网题

请根据题目要求,完成下列操作:

(1)某模拟网站的地址为 HTTP://LOCALHOST/index.htm,打开此网站,找到关于最强评审"宁静"的页面,将此页面另存到考生文件夹下,文件名为"Ningjing",保存类型为"网页,仅 HTML(*.thm;*.html)",再将该页面上有宁静人像的图像另存到考生文件夹下,文件命名为"Photo",保存类型为"JPEG(*.JPG)"。

（2）向同事张富仁先生发一个邮件,并将考生文件夹下的图片文件"布达拉宫.jpg"作为附件一起发出。具体如下:

[收件人]Zhangfr@ncre.cn

[主题]风景照片

[函件内容]"张先生:近期去西藏旅游了,现把在西藏旅游时照的一幅风景照片寄给你,请欣赏。"

3. 文字处理题

在考生文件夹下打开文档 WORD.DOCX,按照要求完成下列操作并以该文件名(WORD.DOCX)保存文档。

（1）将文中所有英文"EC"替换为"电子商务"。将标题段文字("义务跨境电子商务分析")应用"标题4"样式,并设为小三、微软雅黑、居中、字符间距加宽1.5磅、段前段后间距4磅、单倍行距;标题段文字文本填充效果为渐变填充:"预设渐变/底部聚光灯-个性色2、类型/线性、方向/线性向右、渐变光圈颜色/紫色(标准色)、位置50%";标题阴影效果设置为:"预设/透视:靠下,颜色/绿色(标准色),模糊6磅,距离10磅"。

（2）设置页面纸张大小为"自定义大小(18.2厘米×25.7厘米)";在页面顶端插入"空白"型页眉,利用"文档部件"在页眉内容处插入文档"主题"信息,页眉顶端距离2厘米;页面底端插入"书的折角"型页码、编号格式为罗马数字(Ⅰ,Ⅱ,Ⅲ)、起始页码设置为"Ⅲ",页脚底端距离2厘米;设置页面颜色填充效果为"渐变/预设/麦浪滚滚"、底纹样式为"角部辐射";设置页面边框为艺术型中的红心。

（3）将正文各段落文字("1.1 义乌实体市场发展势头,……其功能定位如表1所示:")的中文字体设置为仿宋,英文字体设置为Symbol,字号为小四,段前段后间距0.3行,1.25倍行距,并设置各段首行缩进2字符;将小标题(1.1 义乌实体市场发展势头趋缓、1.2 投资建设义乌跨境电子商务产业园)的编号"1.1""1.2"分别修改为编号"(1)"和"(2)";为小标题"(1)义乌实体市场发展势头趋缓"加尾注"王祖强等.发展跨境电子商务促进贸易便利化[J].电子商务,2013(9).",尾注编号格式为"①,②,③…";将该标题下一段(金融危机以来,……而言已经迫在眉睫)分成栏宽相等的两栏,中间加分隔线;为小标题"1.2 投资建设义乌跨境电子商务产业园"加尾注"鄂立彬等.国际贸易新方式:跨境电子商务的最新研究[J].东北财经大学学报,2014(2).",将该标题的下一段("为了让跨境,……凸显规模效益的产业园。")首字下沉两行(距正文0.3厘米)。

（4）将文中最后6行文字按照制表符转换成一个3行3列的表格,设置表格居中。将表题段("表1 义乌跨境电子商务园区功能定位")文本效果设置为三维格式:"底部棱台:角度","材料:特殊效果中的线框";表题文本阴影效果设置为"预设/透视:右上对角透视""颜色/红色(标准色)";居中、段后间距0.4行。

（5）设置表格第1列列宽为0.8厘米、第2列列宽为2.38厘米、第3列列宽为7.8厘米,单元格垂直对齐方式设为居中;设置表格底纹为"白色,背景1,深色5%";表格边框样式为"单实线1 1/2 pt着色5"、用边框刷完成外框线设置:"1.5磅单实线";表格内框线为

"0.75磅单实线"。

4. 表格处理题

打开考生文件夹下的电子表格excel.xlsx,按照下列要求完成对此电子表格的操作并保存。

(1) 选择Sheet1工作表,在"年龄"列(D列)前插入3列,在D1到F1单元格输入文字"出生年""出生月""出生日",D、E、F三列的数字格式为"数值型,小数位数0位",根据"生日"列的内容,得到该会员的出生年、月、日并将相应数字填充到D、E、F三列;将Sheet1工作表命名为"会员信息表";利用公式计算"平均购买金额"列(Q2:Q108)的内容(货币型,保留小数点后2位)(平均购买金额 = 购买金额/购买总次数);在R1单元格中输入文字"客户等级",利用IF函数给出此列(R2:R108)的内容;如果平均购买金额大于1 500,在相应单元格内填入"A",如果平均购买金额大于800,在相应单元格内填入"B",如果平均购买金额大于300,在相应单元格内填入"C",否则在相应单元格内填入"D";设置(A1:R108)所有单元格文字居中对齐,添加所有框线;在A:R列中设置除I列之外的所有列的列宽为12,I列列宽设置为18;删除数据区域(A1:R108)中的数据重复项。

(2) 选取"Sheet2"工作表,将Sheet2工作表命名为"按月统计";利用"按月统计"工作表中的"月份"、"B级人数"和"C级人数"列数据区域的内容建立"折线图"("月份"作为横坐标);图表布局为"样式4",图表标题为"人数统计图",纵坐标标题为"人数";删除网格线,设置绘图区填充效果为"羊皮线"的纹理填充;将图表插入到"按月统计"工作表的"I2:S16"单元格区域内。

(3) 选择"销售清单"工作表,对工作表内数据清单的内容按主要关键字"类别"的降序和次要关键字"销售额"的升序进行排序;对排序后的数据进行筛选,条件为:A4和A6销售员销售出去的彩电和空调,保存excel.xlsx工作簿。

5. 演示文稿

打开考生文件夹下的演示文稿yswg.pptx,按照下列要求完成对此文稿的修饰并保存。

(1) 为整个演示文稿应用"平面"主题,设置幻灯片的大小为"宽屏(16:9)",放映方式为"观众自行浏览"。

(2) 第1张幻灯片版式改为"空白",插入样式为"填充-白色,轮廓-着色1,阴影"的艺术字,文字为"热门城市房价地图",文字大小为66磅,并设置为"水平居中"和"垂直居中";第1张幻灯片的背景设置为"渐变填充"中的"中等渐变-个性色2"预设渐变,类型为"路径",透明度为"100%"。

(3) 第2张幻灯片版式改为"两栏内容",将考生文件夹下的图片文件ppt1.jpg插入到第二张幻灯版右侧的内容区,图片样式为"棱台形椭圆,黑色",图片效果为"棱台"的"斜面"。图片设置"强调"动画的"放大/缩小",效果选项为"数量/巨大"。左侧文字设置动画"进入/缩放"。动画顺序是先文字后图片。

(4) 第3张幻灯片版式改为"标题和内容",标题为"热门城市新房与房价对比表(2016年11月版)",内容区插入11行3列表格,表格样式为"深色样式2",第1行第1,2,

3列内容依次为"城市"、"新房房价（元/m^2）"和"二手房房价（元/m^2）"，参考考生文件夹下的文本文件"10个城市的房屋均价.txt"的内容，按二手房房价从高到低的顺序将适当内容填入表格其余10行，表格文字全部设置为21磅字，文字居中，数字右对齐。

（5）第4张幻灯片版式改为"竖排标题和文本"，将文本内容的字体设置为"宋体"，字号大小设置为"36磅"。

附 录
Windows 10 操作系统的使用

Windows 10 系统是目前微软公司主推的操作系统,界面友好、使用方便,功能非常强大。Windows 10 系统与 Windows 7 系统相比变化比较大,很多用户从 Windows 7 系统升级到 Windows 10 后不太习惯 Windows 10 的操作。本项目以 Windows 10 版本为例进行学习。通过学习本项目的实验,读者可以了解 Windows 10 操作系统环境,掌握 Windows 10 的操作特点等。

实验 6-1　Windows 10 个性化设置

Windows 10 系统设置功能十分强大,用户可以在 Windows 10 系统设置中对系统的个性化、登录帐户、设备等进行设置。本实验将学习 Windows 10 资源管理器的设置和使用方法,Windows 10 菜单的操作方法、任务栏的操作方法,Windows 10 的个性化设置功能等。

实验学时

2 学时。

实验目的

1. 掌握 Windows 10 资源管理器的设置和使用方法。
2. 掌握 Windows 10 菜单的操作方法。
3. 熟悉 Windows 10 任务栏的操作方法。
4. 掌握 Windows 10 的设置功能。

实验任务

1. 掌握 Windows 10 资源管理器的设置和使用方法。

(1)在资源管理器中直接显示磁盘。

(2)修改资源管理器布局。

2. 掌握 Windows 10 菜单的操作方法。

(1)调整菜单大小。

(2)在菜单中固定磁贴。

3. 熟悉 Windows 10 任务栏的操作方法。

(1)设置任务栏"并排显示窗口"。

(2)任务栏设置界面。

4. 掌握 Windows 10 的设置功能。

(1)个性化设置(设置桌面背景为实验素材 Windows 10 中的图片"背景.jpg")。

(2)卸载应用。

实验步骤

1. 掌握 Windows 10 资源管理器的设置和使用方法。

(1)在资源管理器中直接显示磁盘。

首先 Windows 10 的资源管理器也就是"我的电脑"发生了变化,变成了"此电脑"。进入后也不像在 Windows 7 中直接显示磁盘。我们打开"此电脑"之后,执行"文件"→"更改文件夹和搜索选项"命令(图6-1),打开"文件夹选项"对话框(图6-2),然后将图中所示位置改为"此电脑",单击"确定"按钮,这样下次进入此电脑就会直接显示磁盘了。

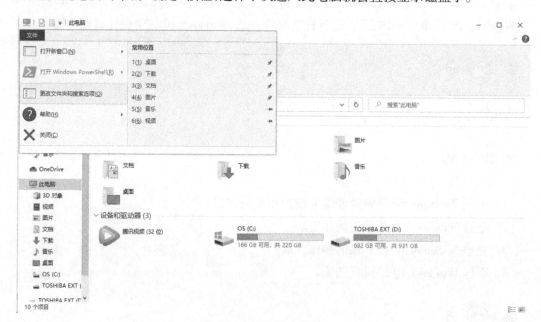

图 6-1 "此电脑"窗口

附 录　Windows 10 操作系统的使用

（2）在"此电脑"窗口中，在"查看"选项卡下的"布局"组中可以更改窗口显示方式(图6-3)。

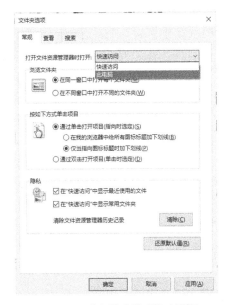

图6-2　"文件夹选项"对话框

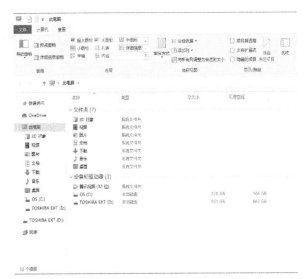

图6-3　"布局"组

2．掌握 Windows 10 菜单的操作方法。

（1）调整菜单大小。

Windows 10 的"开始"菜单也发生了变化，像是 Windows 7 和 Windows 8 的结合体；我们可以将鼠标放在"开始"菜单的边缘，如图6-4 所示位置来调节"开始"菜单的大小。

（2）在菜单中固定磁贴。

一些常用应用也可以放在"开始"菜单的磁贴中，这样可以让桌面整洁不少，固定磁贴时，先在"开始"菜单中找到相应的应用程序，然后单击鼠标右键，在弹出的快捷菜单中选择"固定到'开始'屏幕"，如图6-5 所示。

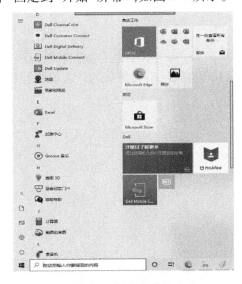

图6-4　调整菜单的大小

图6-5　固定磁贴

177

3. 熟悉 Windows 10 任务栏的操作方法。

（1）设置任务栏"并排显示窗口"。

在桌面下方的状态栏上单击鼠标右键，在弹出的快捷菜单中选择"并排显示窗口"（图 6-6）。

（2）任务栏设置界面。

如果想进行更多的任务栏设置，在状态栏上单击鼠标右键，在弹出的快捷菜单中选择"任务栏设置"，打开设置界面（图 6-7）进行更多设置。

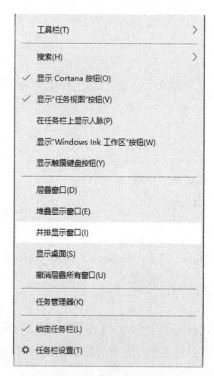

图 6-6　任务栏设置 1　　　　图 6-7　任务栏设置 2

4. 掌握 Windows 10 的设置功能。

Windows 10 总的来说和 Windows 7 使用方式差不多，只不过出现了一个设置功能（图 6-8），在菜单中单击"⚙"图标，可以打开 Windows 10 设置界面，大部分的计算机设置都可以在其中完成。

附　录　Windows 10 操作系统的使用

图 6-8　Windows 10 设置

（1）个性化设置（设置桌面背景为"实验素材\Windows 10"中的图片"背景.jpg"）。

打开如图 6-8 所示的 Windows 10 设置界面，单击"个性化"，打开背景设置界面（图 6-9），单击"选择图片"下方的"浏览"按钮，找到"实验素材\Windows 10"中的图片"背景.jpg"，选择"选择图片"，桌面背景图片就更换好了，效果如图 6-10 所示。

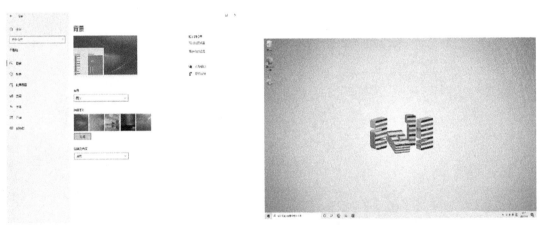

图 6-9　Windows 10 背景设置　　　　图 6-10　设置桌面背景效果图

（2）卸载应用。

打开图 6-8 所示的 Windows 10 设置界面，单击"应用"，打开"应用和功能"设置界面（图 6-11），选择想要卸载的应用，单击"卸载"按钮即可。

图 6-11 卸载应用